液压与气压传动学习指导与例题集

左健民　编著

机 械 工 业 出 版 社

本书是左健民主编的《液压与气压传动》（第 4 版）的配套书，其体系、内容、章节与主教材完全一致。该书从指导读者学习的角度，按章进行叙述，每章均指出并具体分析了主教材相应章节的重点和难点内容，尤其对重点内容进行了深入浅出的叙述，指出了应掌握的程度，力图使学生在学习中加深理解；从掌握基本内容的要求出发，在主教材和其他参考资料中选择了大量的例题，进行了详细的解答，旨在提高学生分析问题和解决问题的能力。

本书适用于高等工科院校机械类各专业，也可供参加自学考试、高职高专的学生使用，对于报考普通高校硕士研究生与工程硕士的读者的学习和复习也有参考价值。

图书在版编目（CIP）数据

液压与气压传动学习指导与例题集/左健民编著. ——北京：机械工业出版社，2009. 6（2024. 11 重印）

ISBN 978-7-111-26781-2

Ⅰ. 液…　Ⅱ. 左…　Ⅲ. ①液压传动-高等学校-教学参考资料②气压传动-高等学校-教学参考资料　Ⅳ. TH137 TH138

中国版本图书馆 CIP 数据核字（2009）第 050937 号

机械工业出版社（北京市百万庄大街 22 号　邮政编码 100037）
策划编辑：尹法欣　责任编辑：严远波
版式设计：张世琴　责任校对：樊钟英
封面设计：赵颖喆　责任印制：郜　敏
北京富资园科技发展有限公司印刷
2024 年 11 月第 1 版第 11 次印刷
184mm×260mm · 10 印张 · 239 千字
标准书号：ISBN 978-7-111-26781-2
定价：28.00 元

电话服务	网络服务
客服电话：010-88361066	机　工　官　网：www.cmpbook.com
010-88379833	机　工　官　博：weibo.com/cmp1952
010-68326294	金　书　网：www.golden-book.com
封底无防伪标均为盗版	机工教育服务网：www.cmpedu.com

前　言

由作者主编的《液压与气压传动》教材，第1版在1993年10月出版后得到了许多同行和读者的关心和支持，该教材由于体系上的创新、新国家标准的使用、内容新颖以及与工程实际的结合紧密等因素，1996年获得了全国机电类优秀教材一等奖、1997年获得首届国家级优秀教学成果二等奖，被列入“九五”国家重点建设、“十五”国家级规划教材和“十一五”国家级规划教材，2007年第4版出版。第2版出版时，出版社就希望作者编写一本配套的习题集，我也一直在思考，从哪个角度写才能够帮助读者学习，而不仅仅是出一本习题解答。多年来，由于工作和课题的研究比较忙，也一直没有能够坐下来好好想这个问题，而直到第4版交印后，才着手考虑这个问题。

现在许多作者配合教材出版了习题解答、实验与习题集以及学习指导等方面的参考书，从各个角度给学生提供了很好的学习资料和辅导材料，对《液压与气压传动》的教与学起到了很好的推动作用。为读者服务，不仅是出版社的事，也是作者的事，要使广大读者感到学习的方便和便于自学，并能够通过学习和训练提高分析和解决实际问题的能力。为此，本书按照学习和掌握知识的规律，从重点内容的讲授，更从辅导的角度来编写，按照教材的体系，按章进行叙述，每章均指出并具体分析了教材相应章节的重点和难点内容，尤其对重点内容进行了深入浅出的叙述，并指出了应掌握的程度，力图使学生在学习中加深理解。同时，针对各章的主要内容，还选择了一定数量的例题（例题主要来源于教材中的习题）进行了详细的解答，旨在提高学生分析问题和解决问题的能力。

本书是《液压与气压传动》的配套书，适用于高等工科院校机械类各专业，也可供自学考试、高职高专的学生使用，对于报考普通高校硕士研究生与工程硕士的读者学习和复习也有参考价值。

本书由左健民编著，燕山大学韩屋谷教授审阅了书稿。在编写过程中，参考了已经出版的部分液压与气压传动方面的教材、习题集、实验与习题集和学习指导书等，并从中选择了部分例题和习题，听取了本校任课教师的意见和建议，初稿在本校进行了试用，特对以上作者、老师和同学表示衷心的感谢。由于编者水平有限，教学经验不足，书中定有许多不妥之处，敬请读者提出宝贵意见。

编著者

目　录

绪　　论

在学习绪论时，主要应理解液压与气压传动的工作原理以及液压与气压传动系统的组成，应着重注意以下几点：

一、压力和运动传递原理

液压与气压传动是采用流体（液压油或压缩空气）作为传动介质来传递力和运动的，在传递力时，运用了流体力学中的帕斯卡（Pascal）原理；而在传递运动时，则运用了在密闭容积中输出与输入流体容积相等的原理（质量守恒定律）。

二、液压与气压传动的两个重要概念

液压与气压传动中压力和流量是两个重要参数。特别要注意当负载等于零时，系统中压力不能建立，亦即压力取决于负载；流量则决定了执行元件的运动速度。

三、液压与气压系统的组成

液压与气压传动系统中必须含有能源装置（液压泵、空气压缩机）、执行装置（液压缸、气缸）、控制调节装置（各种液压与气压控制阀）、辅助装置（油箱、过滤器、空气过滤器等）和传动介质（液压油、压缩空气）等五大部分。

液压与气压传动系统作为能量转换和传递的装置把机械能（原动机）$T \cdot \omega$ 转化为液压能和气压能（液压泵和空气压缩机的输出）pq，再转化为机械能（执行机构输出）$T \cdot \omega$ 或 $F \cdot v$，系统本身并不能产生能量，而在每个转换和调节环节上都要消耗一定的能量，所以一般的液压与气压传动系统的效率不会很高。

第一篇　液压传动

第一章

液压传动基础知识

液压传动是利用液体作为工作介质来传递力和运动的，所用的工作介质一般为普通机械油和专用液压油。液压油的物理、化学性质，尤其是它的力学性质对液压系统的工作影响很大。本章主要讲述液压油的物理性质；液体的静力学和运动学特性；油液在管道流动过程中的阻力损失以及油液通过节流小孔和缝隙时的流动特性。

本章重点：

1）液压油的物理性质，液体粘度的物理特性。

2）液体静压力的特性和静力学基本方程。

3）流动液体的连续性方程和伯努利方程。

4）液体流动时的沿程压力损失和局部压力损失。

5）液体流经小孔时的压力损失以及压力损失与流量的关系。

本章难点：

1）各种度量衡制的相互换算关系。

2）压力的度量以及绝对压力、相对压力和真空度之间的关系。

3）流动液体三个基本方程所表示的物理意义及其应用。

4）液压冲击的概念及压力波的传递。

第一节　液压传动工作介质

一、液压油的密度

液压油的密度 ρ 是指单位体积内油液的质量，即

$$\rho = \frac{m}{V} \tag{1-1}$$

式中　m——油液的质量，单位为 kg；

V——油液的体积，单位为 m^3；

ρ——油液的密度，单位为 kg/m^3。

密度随压力的上升而增大，随温度的升高而减小。由于在常温常压下变化较小，在液压传动的静动态分析中都把它们作为常数处理。

二、液压油的可压缩性

液体具有可压缩性，即当液体所受压力变化时，它的容积也具有相应的变化。压缩系数 κ 的倒数即为液体的体积模量 K。液体的体积模量约为钢的 1/100～1/150。液压油的体积模量 K 与压缩过程、温度、压力等因素有关：温度升高时，K 值减小，在液压油正常工作的温度范围内，K 值会有(5～25)%的变化；压力加大时，K 值增大，但其变化不呈线性关系；且当 $p \geqslant 3\text{MPa}$ 时，K 值基本上不再增大。

三、粘性

液体在外力作用下流动（或有流动趋势）时，液体分子间的内聚力为了阻碍其分子间的相对运动而产生一种内摩擦力，这种现象叫做液体的粘性。粘性的大小用粘度来度量，它是液体本身的属性。液体只有在流动（或有流动趋势）时才会呈现粘性，静止液体不呈现粘性。粘性只能阻碍、延缓液体内部的相对运动，但不能消除这种运动。粘性的大小影响液体流动时的阻力、运动副间摩擦力的大小以及通过缝隙的泄漏量。合适的粘度对保证系统正常工作有重要的意义。因此要搞清楚动力粘度 μ 和运动粘度 ν 之间的关系，目前国产液压油牌号的意义以及油液的粘度随温度升高而下降（变化较大）、随压力上升而上升（变化很小）等概念。

四、液压油的种类及选用

液压系统中使用的液压油的种类如表 1-1 所示。

表 1-1　液压油分类

- 工业液压油
  - 矿油型
    - 机械油
    - 汽轮机油
    - 通用液压油
    - 专用液压油
      - 抗磨液压油
      - 低温液压油
      - 清净液压油
      - 高粘度指数液压油
  - 难燃型
    - 合成型
      - 水—二醇基液压油
      - 磷酸酯基液压油
    - 乳化型（水浮化液）
    - 高水基油
      - 可溶性油
      - 合成溶液
      - 微型乳化液

在液压系统中，目前使用最多的是矿油型液压油。选用液压油时最先考虑的是它的粘度（粘度既影响泄漏，亦影响功率损失）。同时再兼顾其他方面。选择时应注意的事项如下：

（1）液压系统的工作压力　工作压力较高的系统宜选用粘度较高的液压油，以减少泄漏；反之便选用粘度较低的液压油。例如：$p=(7.0\sim20.0)$MPa 时宜选用 40℃时运动粘度为 $(46\sim100)\times10^{-6}\mathrm{m^2/s}$ 的液压油；$p<7.0$MPa 时宜选用 40℃时运动粘度为 $(32\sim68)\times10^{-6}\mathrm{m^2/s}$ 的液压油。

（2）环境温度　环境温度较高时宜选用粘度高些的液压油。

（3）运动速度　执行元件运动速度较高时，为减小液流的功率损失，宜选用粘度较低的液压油。

（4）液压泵的类型　在液压系统中，液压泵的润滑要求最苛刻。选择液压油粘度时应考虑液压泵的类型及其工作环境，如表 1-2 所示。

表 1-2　各类液压泵对液压油的粘度要求

环境温度 t/℃ 液压油运动粘度 ν/（$10^{-6}\mathrm{m^2/s}$）（40℃） 液压泵类型		14 ~ 38	38 ~ 80
齿轮泵		32 ~ 68	68 ~ 150
叶片泵	$p<7.0\times10^6$Pa	32 ~ 46	46 ~ 68
	$p<7.0\times10^6$Pa	46 ~ 68	68 ~ 80
柱塞泵		32 ~ 68	68 ~ 200

五、液压系统的污染控制

工作介质的污染是液压系统发生故障的主要原因，因此要特别重视油液的污染控制，在这部分内容的学习中要搞清楚油液污染的根源、污染的测定和污染的控制等内容。

第二节　液体静力学

一、液体的静压力及其特性

在静止液体中压力的概念是讨论的主要问题，这里所说的压力是指在单位面积上所受到的液体的作用力。要掌握静压力的两个基本特性以及表示压力的各种单位之间的换算关系。

液体的静压力有两个基本特性：

1）液体静压力垂直于其作用面，其方向和该作用面的内法线方向一致。

2）静止液体内任意点处的静压力在各个方向上都相等。

二、液体静力学基本方程

液体静力学基本方程 $p=p_0+\rho gh$ 它表示：静止液体内任一点处的压力由两部分组成，一部分是液面上的压力 p_0，另一部分是液体的密度 ρ、重力加速度 g 与该点离液面深度 h 的乘积；静止液体内的压力随液体深度呈直线规律分布；离液面深度相同处各点的压力都相等。压力相等的所有点组成的面叫等压面，在重力作用下静止液体中的等压面是一个水平面，读者一定要搞清楚等压面的概念。

三、绝对压力、相对压力、真空度

绝对压力、相对压力和真空度是表示压力的三个概念。它们三者之间的关系如图 1-1 所示

当压力 p 大于大气压力 p_{at} 时，绝对压力等于大气压力与相对压力（表压力）之和。

当压力 p 小于大气压力 p_{at} 时，真空度等于大气压力与绝对压力之差。

真空度即为相对压力的负值，请读者不要混淆，要认真分析，加以理解。在液压技术中，常以相对压力为基准进行研究和计算。

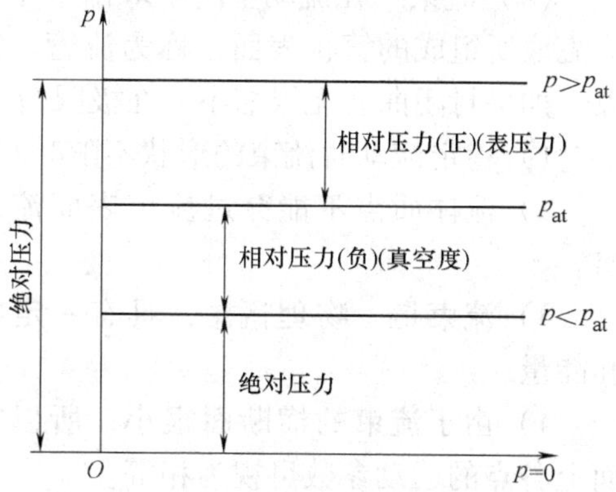

图 1-1　绝对压力与相对压力的关系

四、固体壁面上的液体静压力的作用力

静止液体和固体壁面相接触时，固体壁面上各点在某一方向上所受静压力的总和，便是液体在该方向上作用于固体壁面上的力。

固体壁面为一平面时，如不计重力作用，即忽略 ρgh 项，平面上各点处的静压力大小相等，则作用在固体壁面上的力 $F=pA$，其作用力方向垂直于壁面。

当固体壁面为一曲面时，液体静压力在某一方向上的分力等于压力和曲面在该方向的垂直面内投影面积的乘积。

第三节　液体动力学

本节主要讨论液体在流动时的运动规律，能量转换和流动液体对固体壁面的作用力等问题。液体在流动时，由于重力、惯性力、粘性摩擦力等的影响，其内部各处质点的运动状态是各不相同的。这些质点在不同时间、不同空间处的运动变化对液体的能量损耗有一定影响，但对液压传动来说，使人感兴趣的只是整个液体在空间某特定点处或特定区域内的平均运动情况，这种影响可不予考虑。此外，流动液体的状态还与其本身的温度、粘度等参数有关。为了简化条件便于分析起见，一般都在等温的条件下（因而可把粘度看作是常量，密度只与压力有关）来讨论液体的流动情况。

一、基本概念

（1）理想液体　既无粘性，又不可压缩的液体称为理想液体。注意这只是工程中的一种假设。其目的是为了分析问题的方便，而实际液体都是具有粘性和可压缩性的。

（2）定常流动　所谓定常流动是指在液体流动中，其表征流动的主要参数都不随时间而变化，只是空间点位置的函数。请读者注意，若所有参数中有任何一个随时间而变，则流动为非定常流动。

（3）迹线、流线　运动中的某一流体质点于连续时间内，所占据的空间点的连线，也就是质点所走过的轨迹，叫做迹线。

流线是经过液体流动空间中许多点而画出的一条瞬时曲线，在该瞬时线上各点的速度向量均与此线相切。流线有如下几个特性：

1）定常流动时流线形状不随时间变化。

2）定常流动时流线与迹线重合。

3）流线不相交。

4）流线是连续的光滑曲线。

（4）流束　在流动空间中取出一个微小的封闭曲线，经曲线上的每一点绘出流线，这些流线所组成的管状表面，称为流管。流管内由许多流线所组成的一小束液体就叫微小流束。如果封闭曲线无限缩小，在极限情况下流束就变成一条流线，流束具有下列特性：

1）稳定流动时流束的形状不随时间而变。

2）流体质点不能穿过流束表面流入或流出。

3）流束是一物理概念，具有一定的质量和能量。

4）由于流束的横断面很小，所以在此断面上各点的运动参数可视为相等。

（5）平均流速和流量　平均流速即认为是通过断面的流量与其面积的比值。而流量则为平均流速与断面面积的乘积。

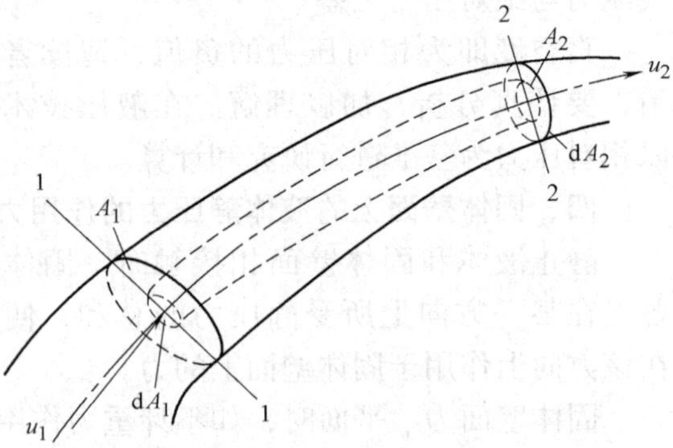

图 1-2　液流连续性简图

二、连续性方程

连续性方程（$A_1v_1 = A_2v_2$）是质量守恒定律在液体运动学中的具体体现（流入控制体容积的质量等于流出控制体容积的质量），如图 1-2 所示。

$$\rho u_1 dA_1 dt = \rho u_2 dA_2 dt \qquad \text{（体积相等）}$$

$$\downarrow \rho \text{ 不变}$$

$$u_1 dA_1 dt = u_2 dA_2 dt \qquad \text{（质量守恒）}$$

$$\downarrow dt = dt$$

$$u_1 dA_1 = u_2 dA_2 \qquad \text{（流量相等）}$$

故
$$q = \int A_1 u_1 dA_1 = \int A_2 u_2 dA_2$$

用平均速度表示，得到
$$v_1 A_1 = v_2 A_2 \tag{1-2}$$

式（1-2）告诉我们，速度不仅可以传递，而且可以放大（在 $A_1 > A_2$ 时）和缩小（在 $A_1 < A_2$ 时）。此外，如果改变 v_1，则 v_2 也将随着作相应的改变，这就是说在 A_1、A_2 不变的情况下，只要能设法调节 v_1，那么 v_2 也将获得相应的调节。若将此原理运用在液压系统中略加修改，设置两个液压缸并在其之间接入一个控制回路（见图 1-3）则：

$$q_1 = q_2 + q_3$$

即
$$v_1 A_1 = v_2 A_2 + q_3$$

$$v_2 = \frac{1}{A_2}(v_1 A_1 - q_3) \tag{1-3}$$

由式（1-3）可知，若 v_1 不可调，只要调节 q_3 也能使 v_2 获得相应的调节。在液压传动中 v_1 或 q_3 均能在一定范围内进行无级调节，因此 v_2 也能获得无级调节。这是液压传动能被

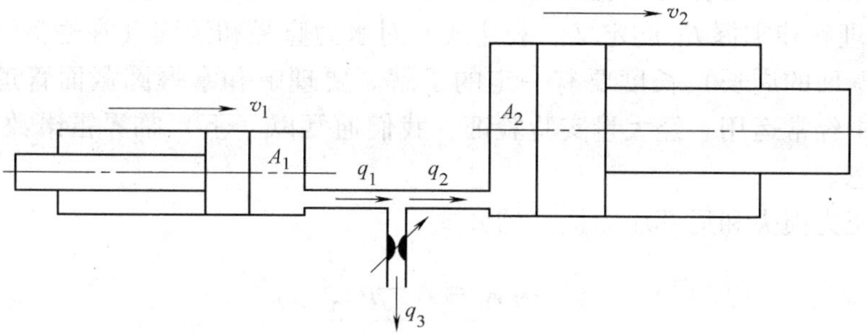

图 1-3　连续性原理应用示意图

普遍应用的一个原因。

三、伯努利方程

伯努利方程就是流动液体的能量守恒定律，这是本章的重点内容：

$$\frac{p_1}{\rho g}+\frac{\alpha_1 v_1^2}{2g}+h_1=\frac{p_2}{\rho g}+\frac{\alpha_2 v_2^3}{\rho g}+h_2+h_w \tag{1-4}$$

要正确理解伯努利方程的各项所表示的物理意义以及它们的量纲，其中 α 为动能修正系数。在液体流动过程中，液体的各种能量（位能、压力能和速度能）之间可以互相转换，但它们的总和不变，只有充分理解了各项所表示的物理意义，才能正确应用。对于式(1-4)实际液体总流的伯努利方程中由于液体的粘性、流道截面的突变等因素引起的阻力损失 h_w 这一项，需在下一节中解决它的计算问题。

读者要认真理解和掌握应用伯努利方程和连续性方程联立求解一般流体力学问题的方法，要正确地选择两个计算截面，并能根据具体情况忽略影响较小的因素以简化计算过程。掌握分析液压泵的吸油过程及其吸油口处的真空度的计算方法。

四、动量方程

动量方程是刚体力学中的动量定理在流体力学中的具体应用。动量方程是用来分析流动液体与限制其流动的固体壁面间相互作用力的大小及其方向的。稳态液动力的方向始终是指向阀口关闭的方向。由于流量越大，液流速度也越大，则稳态液动力就越大，所以对流量大的换向阀，则要采用液动控制或电液动控制，以确保换向的可靠性及平稳性。

第四节　管路内压力损失的计算

在液压传动中，液体流动时要损耗一部分能量。这种能量的损失通常表现为液体压力的损失，而压力的损失与能量损失之间的换算是很方便的，即 $h_w=\sum\Delta p/(\rho g)$，由于在伯努利方程中，每一项能量都以长度（水头）米为单位，所以切记已求出的压力损失 $\sum\Delta p$ 要除以 ρg 方可代入，为了计算的方便起见，流体力学中通常把液体在等直径的直管中流动时因摩擦而产生的压力损失称为沿程压力损失，而把因管形突变，液体流动方向改变或其他形式的液体流动阻力而引起的压力损失称为局部压力损失。

因为液体在密闭管道中流动时产生的压力损失与液体的流动状态关系密切，故在流体力学中通常将液体流动状态分为层流和湍流两种，层流和湍流的判定则用一无量纲量雷诺数 Re 来判定。要理解和掌握 Re 的定义、表达式，对水力直径和湿周（在通流截面上，与液体相接触的固体壁面的周长）长度要有一定的了解。要理解和掌握圆截面管道 Re 的表达式，这在液压传动中经常运用。经大量实验验证，我们通常以（下）临界雷诺数 $Re=2300$ 来判别液体流动状态。

对于沿程压力损失和局部压力损失的公式：

$$\Delta p_{沿} = \lambda \frac{l}{d}\rho \frac{v^2}{2}$$

$$\Delta p_{局} = \zeta\rho \frac{v^2}{2} \tag{1-5}$$

要能理解和掌握，尤其是沿程压力损失公式中的 λ 与流动状态有关，层流（$Re<2300$）时，为 $\lambda=75/Re$；湍流时，不同的 Re 范围，有不同的表达式，当 $2300<Re<10^5$ 时，$\lambda=0.3164Re^{-\frac{1}{4}}$。由于 λ 的表达式中包含有 Re，所以读者要注意在层流时，沿程压力损失与速度的一次方成正比；在湍流时，它与速度的 1.75 次方成正比。对于局部压力损失系数 ζ 要掌握其查表的方法，以便在计算时能确定系数值。

第五节　液体流经小孔及间隙的流量

一、液体流经小孔的流量

当管路长径比即管路长度 l 和圆管内径 d 之比 $l/d<0.5$ 时，称之为薄壁小孔。如 $l/d>4$ 则称为细长孔，当 $0.5<l/d<4$ 时，则称为短孔。液体流经小孔（细小孔、薄壁小孔和短孔）的流量为：

$$q = KA\Delta p^m \tag{1-6}$$

当液体流经小孔为薄壁小孔时：

$$K = C_q\sqrt{\frac{2}{\rho}},\quad m = 0.5$$

当液体流经小孔为细长孔时：

$$K = \frac{d^2}{32\mu l},\quad m = 1$$

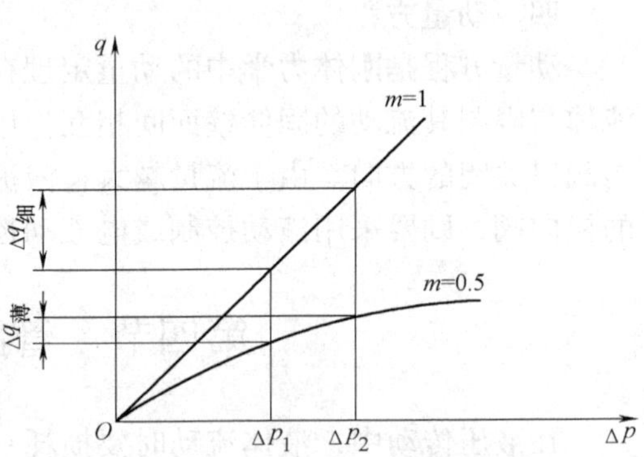

图 1-4　孔口的 $q-\Delta p$

公式 $q=KA\Delta p^m$ 在液压传动中相当重要，尤其在后面的分析问题中经常要用到。比较薄壁小孔和细长孔的 K 值，我们可以发现液体通过薄壁小孔的流量与液体的粘度无关，而通过细长孔的流量与粘度有关，从图 1-4 可知，当孔口前后的压差发生相同变化时，薄壁孔的流量变化较小，所以在液压传动中常以薄壁小孔作为节流孔。

二、流经间隙的流量

液压元件的各零件之间要保证正常的相对运动，必须保持一定的间隙。由于间隙两端存在着压差，运动副之间有相对运动，液体在流动中就存在一定的泄漏量，这个泄漏量与间隙的立方成正比，而只与压差的一次方成正比。为便于读者进行比较，特将工程中常见的间隙类型及其流量计算式列于表 1-3 中。

表 1-3　常见的间隙类型、流量计算公式及间隙示意图

间隙类型	流量计算公式	间隙示意图
平行平板无压差间隙	$q=\frac{1}{2}vbh$	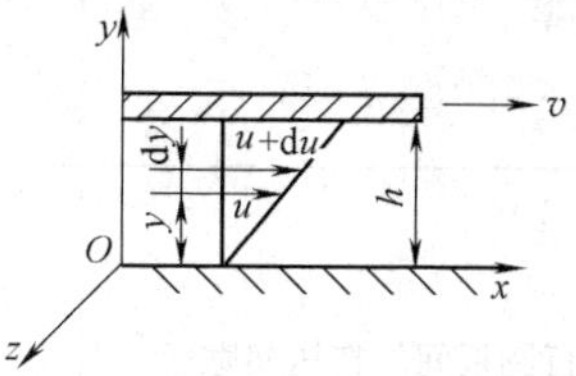
固定平行平板间隙	$q=\frac{bh^3}{12\mu L}\Delta p$ $\Delta p=p_1-p_2$	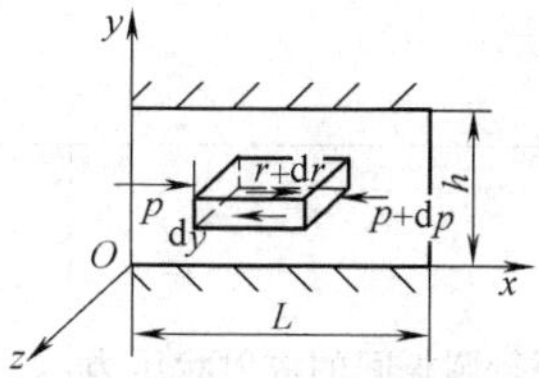
相对运动平板间压差间隙	$q=\frac{bh^3}{12\mu L}\Delta p+\frac{v}{2}bh$ μ 与 $\Delta p=p_1-p_2>0$ 同向取“+”号，相反取“-”	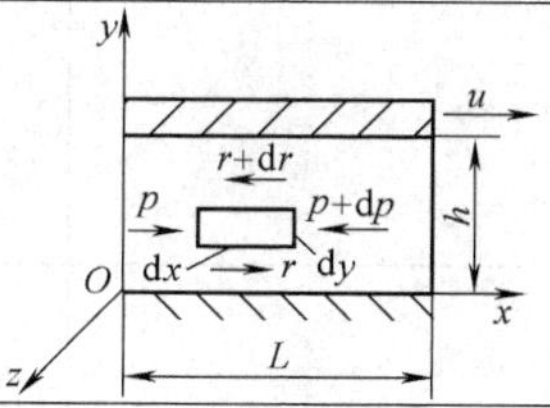
相对运动同心圆柱无压差环形间隙	$q=\frac{\mu}{2}\pi bh$	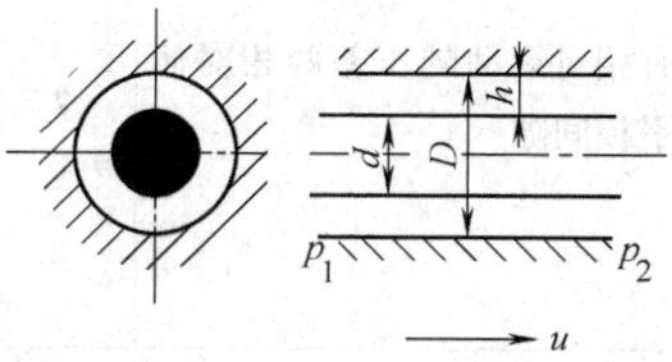
无相对运动的压差同心圆柱环形间隙	$q=\frac{\pi dh^3}{12\mu L}\Delta p$	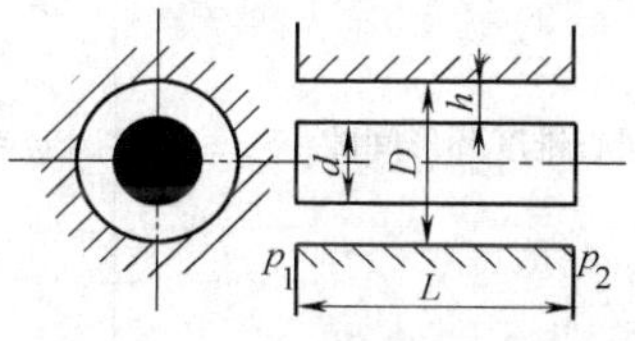
相对运动的压差同心圆柱环形间隙	$q=\frac{\pi dh^3}{12\mu L}\Delta p+\frac{\pi dhv}{2}$	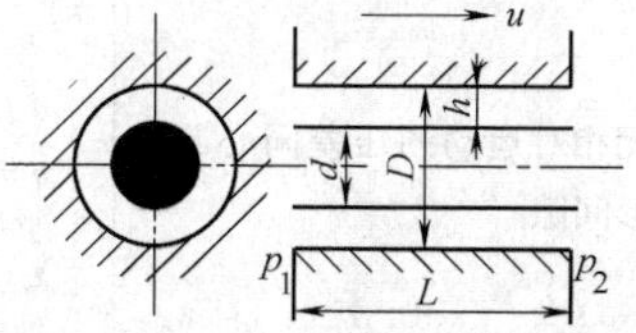
无相对运动的压差偏心圆柱环形间隙	$q=\frac{\pi dh_m^3}{12\mu L}(1+1.5\varepsilon^2)\Delta p$ $h_m=\frac{1}{2}(D-d)$ $\varepsilon=eh_m^{-1}$　$\varepsilon_{max}=1$	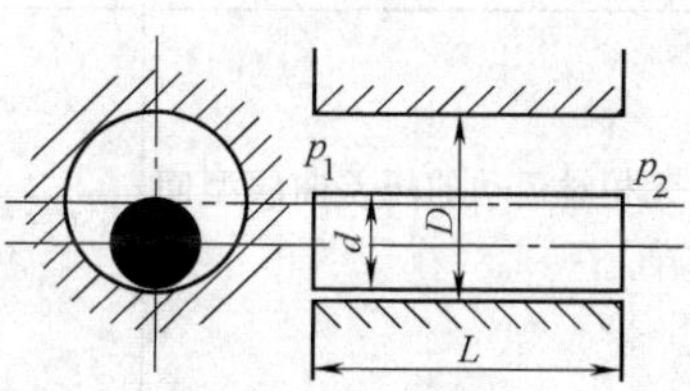

（续）

间隙类型	流量计算公式	间隙示意图
相对运动的压差偏心圆柱环形间隙	$q=\frac{\pi d h_m^3}{12\mu L}\Delta p+v\pi dh$	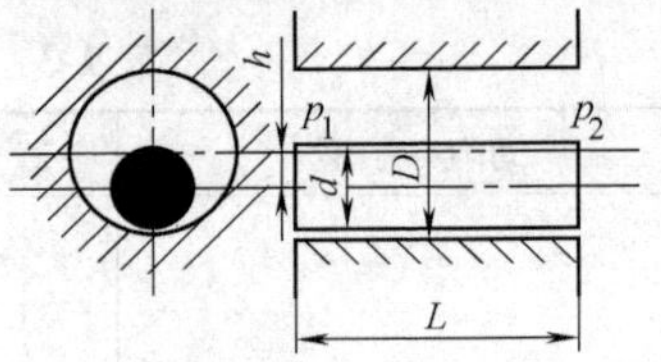
平行圆板间的挤压间隙	$q=\pi R^2 v$ $F=\pi R^2 p_0+\frac{3\pi R^4\mu v}{2h^3}$	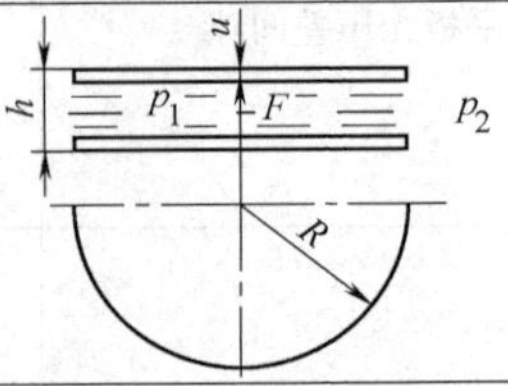
两平行圆板间的放射状压力间隙	$q=\frac{\pi h^3\Delta p}{6\mu\ln(R_0/r_0)}$ $\Delta p=p_2-p_0$	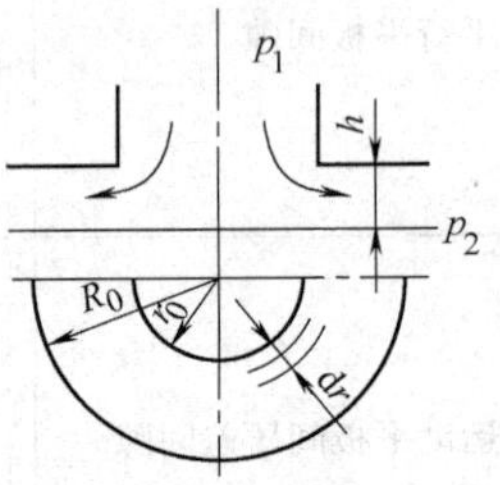
有相对运动的压差两相对倾斜平板间隙	$q=\frac{bh_1h_2}{(h_1+h_2)}\left(\frac{h_1h_2}{b\mu L}\Delta p+v\right)$	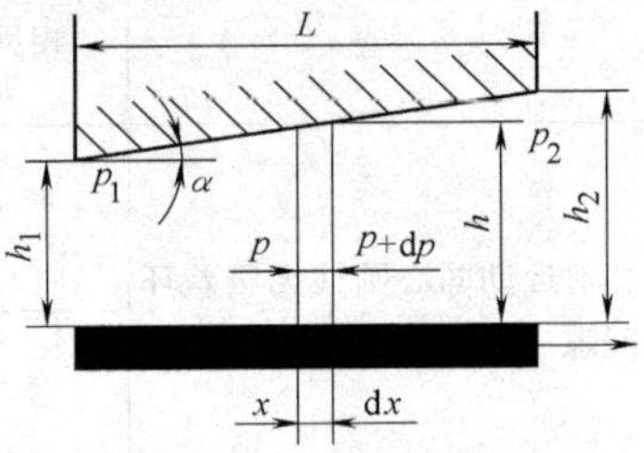
同心锥度环形间隙	$q=\frac{\pi dh_1h_2}{(h_1+h_2)}\left(\frac{h_1h_2}{b\mu L}\Delta p+v\right)$	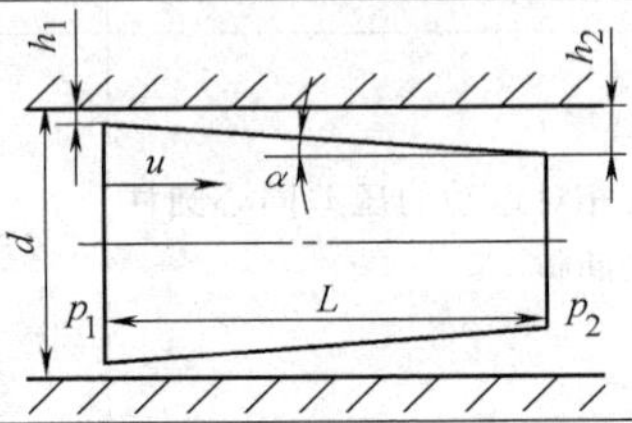
无相对运动的压差同心圆锥环形间隙	$q=\frac{2bh^3\sin\alpha\Delta p}{6\mu\ln(R_0/r_0)}$	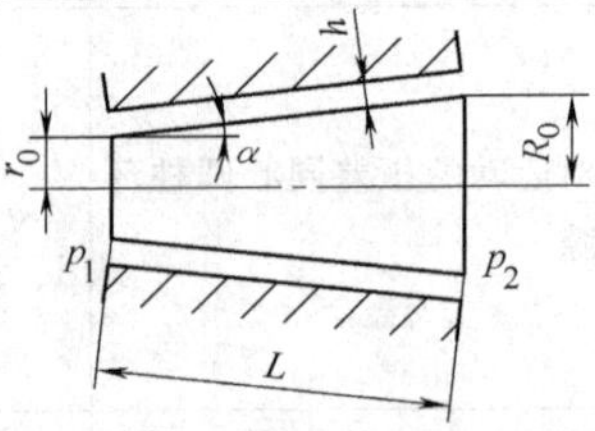
无相对运动的压差曲线型间隙	$q=\frac{2bh_0^3H\Delta p}{9\pi\mu\sqrt{2h_0R}}$	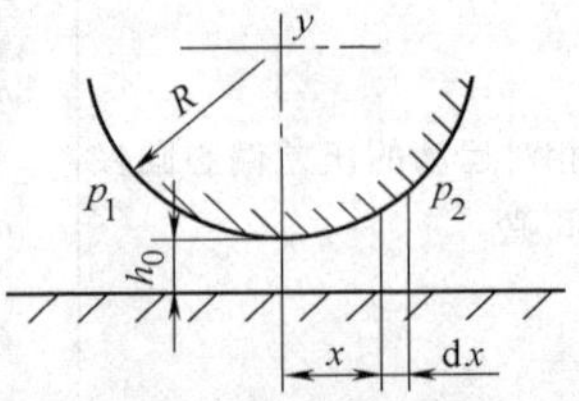

第六节 液压冲击及空穴现象

液压冲击如图 1-5 所示。

本节要重点理解图 1-5 所示阀门突然关闭时液体压力波的传递和变化规律，要注意出现液压冲击时，液体中的瞬时压力峰值可以比正常工作压力大好几倍，虽然压力峰值比破坏管道的压力要小得多，但由于压力增长极快，足以使密封装置、管道或其他液压元件损坏，液压冲击还会引起机床振动，产生很大的噪音，影响工件加工质量。有时，液压冲击会使某些元件（如压力继电器、液压控制阀等）产生误动作，导致设备损坏。在工程中也有利用冲击压力为之服务的一面（如冲击风钻、冲击振动装置等）。液压冲击的过程如表 1-4 所示。

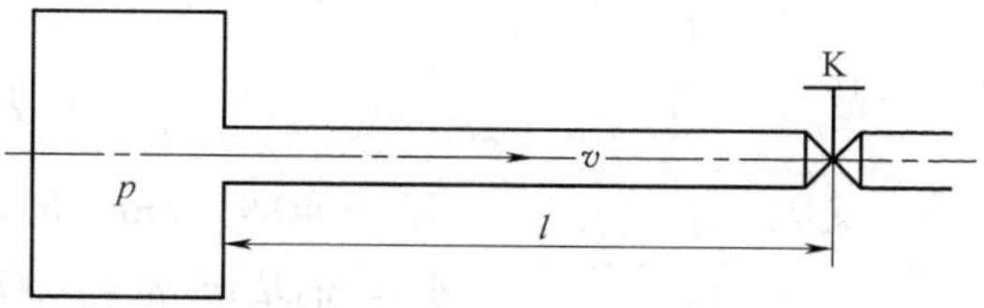

图 1-5 液压冲击示意图

表 1-4 液压冲击过程

时　间	过　程
$t=0$	阀门瞬间闭死
$t=0\rightarrow\frac{l}{c}$	管中液体自阀门开始向容腔方向依次停下，动能变为压力能，设想有一高压波以波速 c $\left(c=\sqrt{\frac{E_o}{\rho}}\right)$由阀门向容腔推进
$t=\frac{l}{c}$	整个管内液体 $v=0$，处以冲击压力作用下，容腔和管道交界面处压力不平衡，管道中的压力大于容腔中的压力
$t=\frac{l}{c}\rightarrow\frac{2l}{c}$	由交界面开始，管中液体依次向容腔方向松动，以流速 v 向左流动，压力依次恢复常压 p，设想有一正常压力波由容腔向阀门推进
$t=\frac{2l}{c}$	管中液体恢复常压 p，但以流速 v 向左运动，液体有脱离阀门的趋势
$t=\frac{2l}{c}\rightarrow\frac{3l}{c}$	自阀门起管中液体依次停下，压力也依次下降为低压，设想有一低压波由阀门向容腔推进
$t=\frac{3l}{c}$	整个管中液 $v=0$，处在低压作用下；容腔和管道的交界面处压力又不平衡，容腔的压力大于管道的压力
$t=\frac{3l}{c}\rightarrow\frac{4l}{c}$	由容腔开始，液体依次向阀门方向流动，恢复常压 p 和流速 v，设想有正常压力波由容腔向阀门推进
$t=\frac{4l}{c}$	管中液体以流速 v 向运动，压力为常压 p 恢复常态，结束液压冲击过程的一个循环

此过程周而复始地进行，由于液体有粘性，传输管道有弹性，因此在液压冲击过程中要消耗能量。实际上，液压冲击时管道中的压力变化是一个围绕常压 p 的逐渐衰减的振荡过程。

第七节 例题与部分习题解答

例 1-1（习题 1-3） 图 1-6 所示为一粘度计，若外筒直径 $D=100\text{mm}$，内筒直径 $d=98\text{mm}$，筒长 $l=200\text{mm}$，外筒转速 $n=8\text{r/s}$，测得其转矩 $M=40\text{N}\cdot\text{cm}$，试求其油液的粘度

（$\rho = 900\text{kg/m}^3$）。

解：本题主要使读者了解油液在同心筒内旋转后，因油液粘性而产生的阻力矩的情况，从而理解粘度测量的原理和意义。

因 $$M = F \cdot \frac{D}{2} = \mu A \frac{u}{h} \cdot \frac{D}{2}$$

故 $$\mu = \frac{2Mh}{AuD}$$

又因 $$M = 40\text{N} \cdot \text{cm} \quad h = (100 - 98)/2\text{mm} = 1\text{mm}$$
$$A = \pi Dl = \pi \times 100 \times 200\text{mm}^2 = 2\pi \times 10^4\text{mm}^2$$
$$\mu = \pi Dn = \pi \times 100 \times 8\text{mm/s} = 800\pi\text{mm/s}$$

故 $$\mu = \frac{2 \times 40 \times 1 \times 10 - 1}{2\pi \times 10^4 \times 800\pi \times 10 - 3}\text{N} \cdot \text{s/cm}^2 = 5.07 \times 10^{-5}\text{N} \cdot \text{s/cm}^2 = 0.507\text{N} \cdot \text{s/m}^2$$

则运动粘度 $\nu = \frac{\mu}{\rho} = \frac{0.507}{900}\text{m}^2/\text{s} = 56.3 \times 10^{-6}\text{m}^2/\text{s} = 56.3\text{cst}$。

例 1-2 体积为 V_c 的液压油在初始压力 p_0 的作用下，含有体积为 V_a 的气泡（见图 1-7），若液压油作等温压缩到压力 p，试确定混气油液的等效体积模量 K_{ep}。（假设不因压缩使气泡溶于液压油）若 $p_0 = 10 \times 10^5\text{Pa}$，$p = 60 \times 10^5\text{Pa}$，$\frac{V_a}{V_c} = \frac{1}{100}$，液压油的体积模量 $K_e = 1.4 \times 10^9\text{Pa}$ 试计算 K_{ep}。

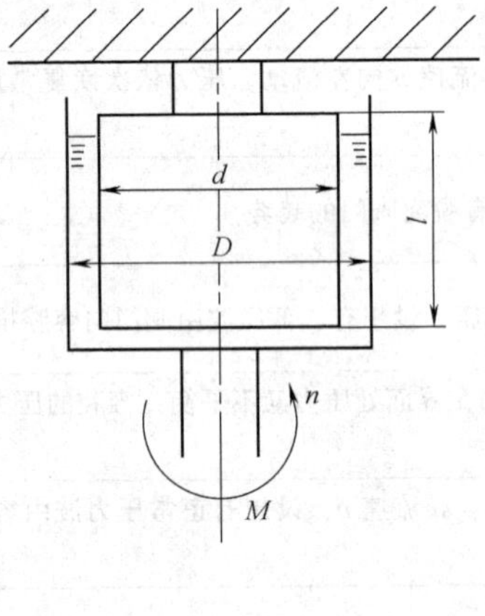

图 1-6 粘度计

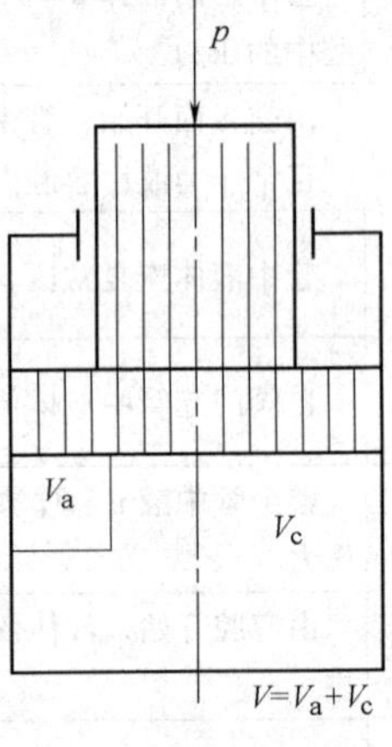

图 1-7 气泡示意图

解：因气泡也作等温变化，根据气态方程即有 $p_a V_a - pV =$ 常量；则体积变化率可表示为：

$$\text{d}V_a = -\frac{V_a}{p_a}\text{d}p_a$$

设纯液压油体积模量为 K_e，则体积变化量为：

$$\text{d}V_c = -V_c \frac{\text{d}p_c}{K_e}$$

$$\because \quad \text{d}V = \text{d}V_a + \text{d}V_c \quad \text{d}p_a = \text{d}p_c = \text{d}p$$

$$\therefore \qquad dV = -\left(\frac{V_a}{p_a} + \frac{V_c}{K_e}\right)dp$$

当压力为 $p_a = p_0$ 时，液压油的体积模量 K_{eo} 为：

$$\frac{1}{K_{ep}} = -\frac{1}{V}\frac{dV}{dp} = \frac{1}{V_a + V_c}\left(\frac{V_a}{p_a} + \frac{V_c}{K_e}\right) \tag{1-7}$$

同理，压力为 p 时的 K_{ep} 表达式为：

$$\frac{1}{K_{ep}} = -\frac{1}{V_p}\frac{dV_p}{dp} = \frac{1}{V_{ap} + V_{cp}}\left(\frac{V_{ap}}{p} + \frac{V_{cp}}{K_e}\right)$$

由 p_aV_a = 常量，$dV_c = -V_c\dfrac{dp_c}{K_e}$，可求得：

$$V_{ap} = \frac{V_a}{p}p_a = \frac{V_a}{p}p_0 \qquad (p_a \approx p_o)$$

$$V_{cp} = V_c - \Delta V_c = V_c\left(1 - \frac{p - p_o}{K_e}\right)$$

将 V_{ap} 及 V_{cp} 代入式（1-7）：

$$\frac{1}{K_{ep}} = \frac{1}{\dfrac{V_ap_o}{p} + V_c\left(1 - \dfrac{p - p_o}{K_e}\right)}\left[\frac{V_ap_o}{p^2} + \frac{V_c\left(1 - \dfrac{p - p_o}{K_e}\right)}{K_e}\right] \tag{1-8}$$

得

$$\frac{1}{K_{ep}} = \frac{1}{\dfrac{V_ap_o}{p} + V_c}\left[\frac{V_ap_o}{p^2} + \frac{V_c}{K_e}\right]$$

或

$$\frac{K_{ep}}{K_e} = \frac{\dfrac{p_0}{p} + \dfrac{V_c}{V_a}}{\dfrac{K_ep_0}{p^2} + \dfrac{V_c}{V_a}} \tag{1-9}$$

由式(1-9),整理：

$$K_{ep} = \frac{\dfrac{p_0}{p} + \dfrac{V_c}{V_a}}{\dfrac{K_ep_0}{p^2} + \dfrac{V_c}{V_a}} \cdot K_e$$

代入已知参数

$$K_{ep} = \frac{\dfrac{10 \times 10^5}{60 \times 10^5} + \dfrac{100}{1}}{\dfrac{1.4 \times 10^9 \times 10 \times 10^5}{3600 \times 10^{10}} + 100} \times 1.4 \times 10^9\text{Pa}$$

$$= \frac{\dfrac{1}{6} + 100}{\dfrac{1.4 \times 10^5}{3600} + 100} \times 1.4 \times 10^9\text{Pa}$$

$$= 0.72 \times 1.4 \times 10^9\text{Pa} \approx 1.0 \times 10^9\text{Pa}$$

由以上分析计算可知，油液中含有空气，在压力上升时将使油液的等效体积模量大大下降，在本题中，大约下降了28%；若其他条件不变，$V_a/V_c=2/100$ 代入（1-9）式，则等效体积模量将下降44%；若其他条件不变，p 为 110×10^5Pa，则等效体积模量将下降11%；由此可见。当油液中空气含量上升时，等效体积模量将显著下降，而当压力上升时，油中混入空气对液压油等效体积模量的影响会减少。所以在液压传动的动态特性分析中通常取 $K_0=7\times10^8$Pa。

例1-3 压差测量计如图1-8所示，工作介质水银的密度为 ρ_1，水的密度为 ρ_2。水银的液面差为 h，容器A，B的液面与基准面0—0的距离分别为 h_a 和 h_b，相应的液面上的压力分别为 p_a 和 p_b，设 $h=50$mm，$h_a=150$mm，$h_b=200$mm，试确定压差 $\Delta p(p_b-p_a)$ 的大小。

解： 本题的关键是要搞清楚等压面的概念，并能正确选择等压面，而后根据静压强的基本公式求解出所需答案。

选择0—0截面为等压面（符合等压面条件）

则：
$$p_{0-0}=p_b+\rho_2 g h_b$$
$$P_{0-0}=P_a+(h_a-h)\rho_2 gh+\rho_1 gh$$

因
$$P_b+\rho_2 g h_b=p_a+(h_a-h)\rho_2 g+\rho_1 gh$$

故
$$\Delta P=|p_b-p_a|=|\rho_2 g h_a-\rho_2 g h_b+\rho_1 gh-\rho_2 gh|$$
$$=|\rho_2 g(h_a-h_b)+h(\rho_1 g-\rho_2 g)|$$
$$=|1000\times9.8\times(0.15-0.2)+0.05\times(13.6\times10^3\times9.8-1000\times9.8)|\text{Pa}$$
$$=|-490+6174|\text{Pa}$$
$$=5684\text{Pa}$$

例1-4 如图1-9所示有一容器充满了密度为 ρ 的油液，其压力 ρ 由水银压力计的读数 h 来确定，现将压力计向下移动一段距离 a，问压力计的读数变化 Δh 为多少？

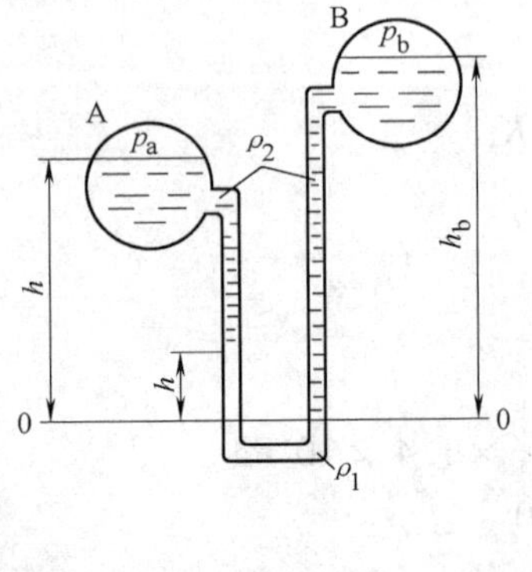

图1-8 压差测量计

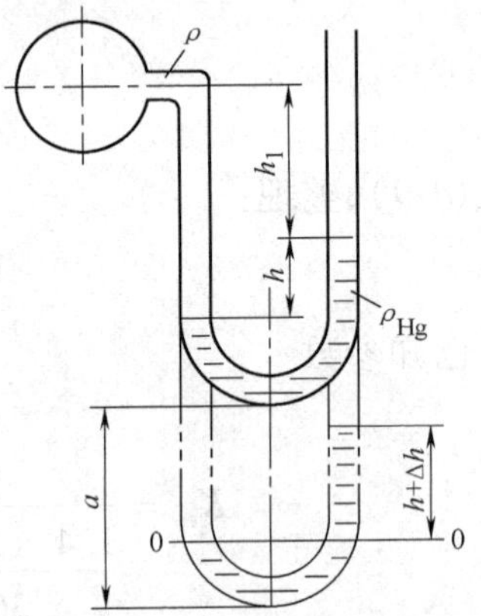

图1-9 容器示意图

解： 解答本题要先理解题意，注意所要求的 Δh 为左右两液面下降和上升的差值，因而每边上下的变化量为 $\Delta h/2$，压力计下降距离 a，在左液面实际下降高度为 $\alpha+\Delta h/2$，取等压面0—0，

则
$$p_{0-0} = p + \rho g\left(a + \frac{\Delta h}{2} + h_1 + h\right)$$
$$p_{0-0} = p_{at} + \rho_{Hg} g(h + \Delta h)$$

压力计未下降时，$p + \rho g(h_1 + h) = p_{at} + \rho_{Hg} gh$

联立以上各式得：$\Delta h = \dfrac{3ap}{2\rho_{Hg} - \rho}$

例 1-5（习题 1-7）　如图 1-10 所示容器 A 中的液体的密度 $\rho_A = 900\text{kg/m}^3$，B 中液体的密度为 $\rho_B = 1200\text{kg/m}^3$，$z_A = 200\text{mm}$，$z_B = 180\text{mm}$，$h = 60\text{mm}$，U 形管中的测压介质为汞，试求 A、B 之间的压力差。

解：已知；$\rho_{汞} = 13600\text{kg/m}^3$

选择 1—1 为等压面，则 U 形管内的静压力平衡方程为

$$P_A + \rho_A g_{zA} = P_B + \rho_B g_{zB} + \rho_{汞}\, gh$$

故有
$$\begin{aligned}\Delta p = P_A - P_B &= \rho_B g_{zB} + \rho_{汞}\, gh - \rho_A g_{zA} = g(\rho_B z_B + \rho_{汞}\, h - \rho_A z_A)\\ &= 9.8 \times (1200 \times 0.18 + 13600 \times 0.06 - 900 \times 0.2)\text{Pa}\\ &= 8350\text{Pa}\end{aligned}$$

例 1-6（习题 1-8）　水平截面是圆形的容器如图 1-11 所示，上端开口，试求作用在容器底的作用力。如在开口端加一活塞，连活塞重力在内，作用力为 30kN，问容器底面的总作用力为多少？

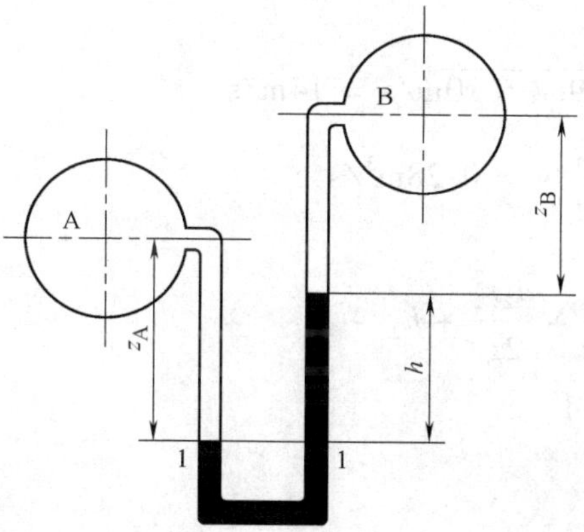

图 1-10　容器示意图

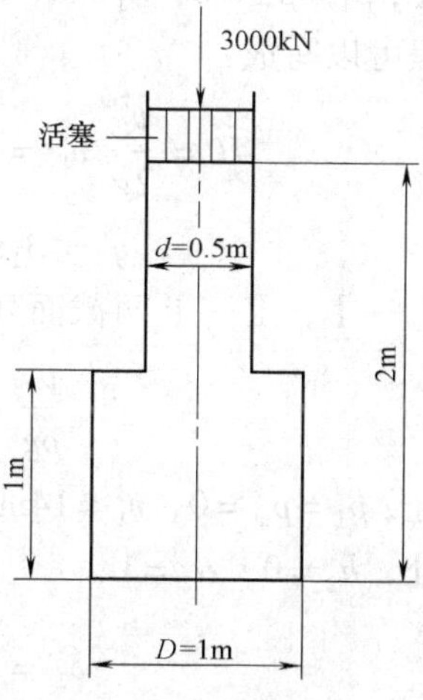

图 1-11　圆形容器

解：上端开口，则容器底部压力 $p = \rho gh$，于是作用在底面的总作用力为

$$pA = 1000 \times 9.8 \times 2 \times \frac{\pi}{4} \times 1^2 = 15394\text{N}。$$

如果上端加一活塞，作用了 30kN 的力，则活塞下方液体的压力为

$$p_1 = \left[3000000 \Big/ \left(\frac{\pi}{4} \times 0.5^2\right)\right]\text{Pa} = 15279000\text{Pa},$$

这时容器底面处压力 $p=p_1+\rho gh=(152790+19600)\text{Pa}=172390\text{Pa}$。

底面作用力为 $pA=(15298600\times\dfrac{\pi}{4}\times1^2)\text{N}=12015492\text{N}$。

由此题可见，由作用在活塞上的力引起的压力为 0.153MPa，而水柱高引起的压力仅为 19600Pa 即约为 0.02MPa（1m 水柱高引起的压力仅为 0.01MPa）。因此在高压系统中，由于液柱高引起的压力完全可以忽略不计。液压系统高压部分的压力，如不考虑液流阻力损失，则可以认为是相等的，这在以后粗略分析液压系统时是经常使用的。但是，在系统的低压部分，就不能忽略由液柱高所引起的压力。如柱塞泵，为了提高它的吸油腔的压力，柱塞泵要置于油箱油面以下的位置为好。

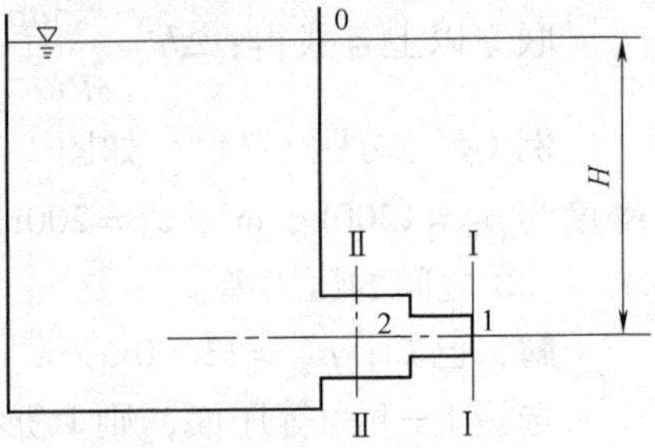

图 1-12　截面示意图

例 1-7（习题 1-9）　如图 1-12 所示，已知水深 $H=10\text{m}$，截面 $A_1=0.02\text{m}^2$，截面 $A_2=0.04\text{m}^2$，求孔口的出流流量以及点 2 处的表压力。（$\alpha=1$，损失不计）

解：根据题意选择基面 0—0，截面Ⅰ—Ⅰ，列出伯努利方程：

$$\frac{p_0}{\rho g}+\frac{\alpha_1 v_0^2}{2g}+h_0=\frac{p_1}{\rho g}+\frac{\alpha_1 v_1^2}{2g}+h_1$$

在 0—0 处，$p_0=p_{at}=0$，$v_0\approx0$（$\because A_0\gg A_1$），$h_0=H$，$\alpha_1=1$

在Ⅰ—Ⅰ处，$p_1=p_{at}=0$，$h_1=0$，$\alpha_2=1$

原方程可以写成：

$$H=\frac{v_1^2}{2g},v_1=\sqrt{2gH}=\sqrt{2\times9.8\times10}\text{m/s}=14\text{m/s}$$

$$q=A_1v_1=0.02\times14\text{m}^3/\text{s}=0.28\text{m}^3/\text{s}$$

再由Ⅰ—Ⅰ，Ⅱ—Ⅱ两截面列出伯努利方程：

$$\frac{p_1}{\rho g}+\frac{a_1v_1^2}{2g}+h_1=\frac{p_2}{\rho g}+\frac{a_2v_2^2}{2g}+h_2$$

在Ⅰ—Ⅰ处，$p_1=p_{at}=0$，$v_1=14\text{m/s}$，$h_1=0$，$\alpha_1=1$

在Ⅱ—Ⅱ处，$h_2=0$，$\alpha_2=1$

$$v_2=\frac{A_1}{A_2}v_1=\frac{0.02}{0.04}\times14\text{m/s}=7\text{m/s}$$

由此可得：$\dfrac{v_1^2}{2g}=\dfrac{p_2}{\rho g}+\dfrac{v_2^2}{2g}$

$$p_2=\frac{\rho}{2}(v_1^2-v_2^2)=\frac{1000}{2}\times(196-49)\text{Pa}=73500\text{Pa}=0.0735\text{MPa}$$

解本题的关键是正确选择基面，而后根据题意，找出已知参数，舍去某些微小量（例如 $v_0=\dfrac{A_1}{A_2}v_1$，由于 $A_0\gg A_1$，固 $v_0\approx0$）；然后再利用液体连续性方程（$A_1v_1=A_2v_2$）求出所需的参数，代入伯努利方程即可求出所需要的答案。

例1-8（习题1-10） 如图1-13所示一抽吸设备水平放置，其出口和大气相通，细管处截面积$A_1=3.2\times10^{-4}\text{m}^2$，出口处管道截面积$A_2=4A_1$，$h=1\text{m}$，试求开始抽吸时，水平管中所必须通过的流量$q$（液体为理想液体，不计损失）。

解：对截面A_1和A_2列写伯努利方程（取$\alpha=1$）

$$\frac{p_1}{\rho g}+\frac{v_1^2}{2g}=\frac{p_a}{\rho g}+\frac{v_2^2}{2g}$$

由流量连续性方程

$$A_1v_1=A_2v_2$$

根据静压力基本方程

$$p_1=p_a-\rho gh$$

由以上三式，并考虑到$p_a=0$（表压力）得

$$v_2=\sqrt{\frac{2gh}{\left(\frac{A_2}{A_1}\right)^2-1}}=\sqrt{\frac{2\times9.8\times1}{4^2-1}}\text{m/s}=1.14\text{m/s}$$

故水平管中所必须通过的流量为

$$q=A_2v_2=4A_1v_2=4\times3.2\times10^{-4}\times1.14\text{m}^3/\text{s}=1.46\times10^{-3}\text{m}^3/\text{s}$$

例1-9（习题1-11） 如图1-14所示为一水平放置的固定导板，将直径$d=0.1\text{m}$、流速为$v=20\text{m/s}$的射流转过90°角，试求导板作用于液体合力大小及方向（$\rho=1000\text{kg/m}^3$）。

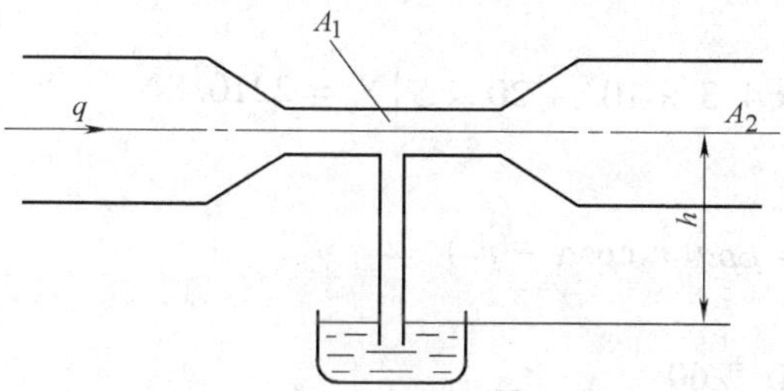

图1-13 抽吸设备

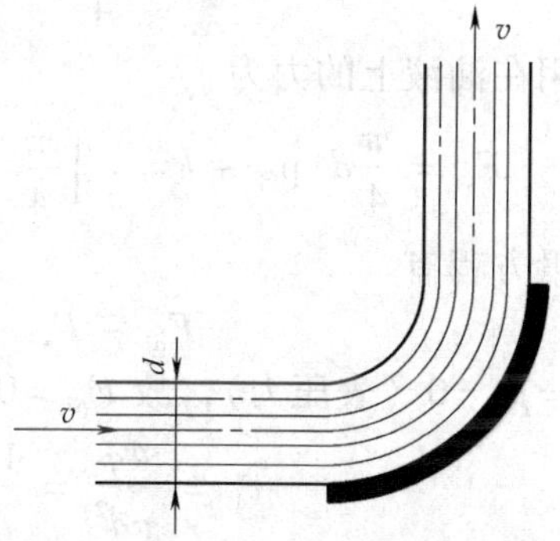

图1-14 水平固定导板

解：按图1-15所示对x，y方向分别列写动量方程

x方向：$-F\cos\theta=\beta\rho q(0-v)$

y方向：$F\sin\theta=\beta(v-0)$

上述两式相除得

$$\frac{\sin\theta}{\cos\theta}=\tan\theta=1$$

则$\theta=45°$

所以，F与x轴的夹角为135°。

取 $\beta=1$，有

$$F=\beta\rho qv\frac{1}{\cos\theta}=\beta\rho Av^2\frac{1}{\cos45^\circ}=1\times1000\times\frac{\pi}{4}\times0.1^2\times20^2\times\sqrt{2}\text{N}=4442.9\text{N}$$

例 1-10（习题 1-12）　如图 1-16 所示的液压系统的安全阀，阀座直径 $d=25\text{mm}$，当系统压力为 5.0MPa 时，阀的开度为 $x=5\text{mm}$，通过的流量 $q=600\text{L/min}$，若阀的开启压力为 4.3MPa，油液的密度 $\rho=900\text{kg/m}^3$，弹簧刚度 $k=20\text{N/mm}$，试求油液出流角 α。

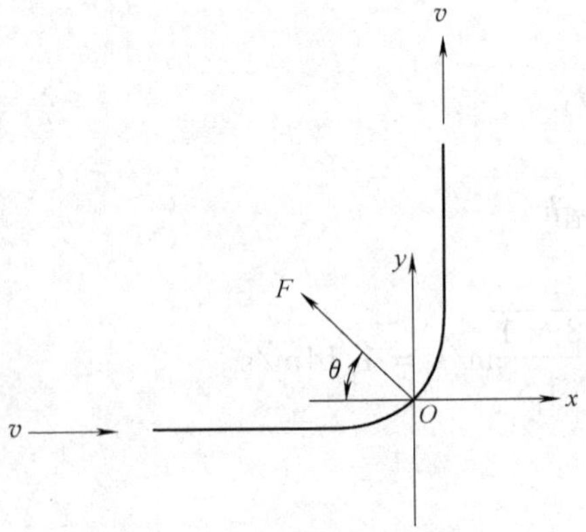

图 1-15　动量方程示意图

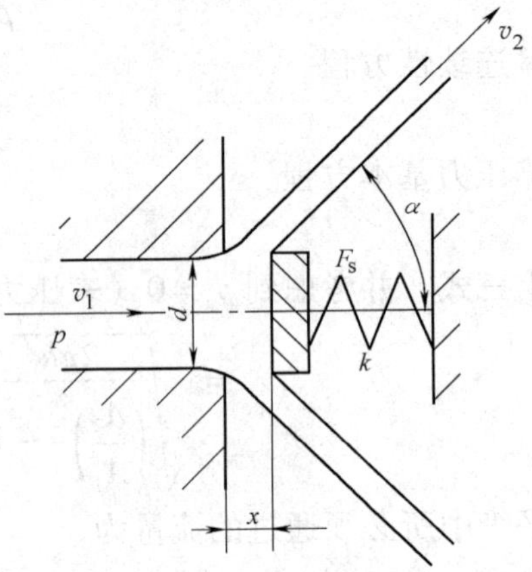

图 1-16　安全阀

解：油液作用在阀上的液压力为

$$F_{p1}=A_1p=\frac{\pi}{4}d^2p=\frac{\pi}{4}\times0.025^2\times5\times10^6\text{N}=2454.4\text{N}$$

弹簧作用在油液上的力为

$$F_s=\frac{\pi}{4}d^2\,p_{开}+kx=\left[\frac{\pi}{4}\times0.025^2\times4.3\times10^6+20\times5\right]\text{N}=2210.8\text{N}$$

根据动量方程有

$$F_{p1}-F_s-F_{p2}\cos\alpha=\beta\rho q(v_2\cos\alpha-v_1)$$

由于 $p_2=p_a=0$（表压力），故 $F_{p2}=0$，而

$$v_1=\frac{4q}{\pi d^2}=\frac{4\times600\times10^{-3}/60}{\pi\times0.025^2}\text{m/s}=20.4\text{m/s}$$

$$v_2=\frac{q}{A_2}=\frac{q}{\pi dx\sin\alpha}$$

取 $\beta=1$，则有

$$F_{p1}-F_s=\rho q\left(\frac{q\cos\alpha}{\pi dx\sin\alpha}-v_1\right)=\rho q\left(\frac{q}{\pi dx}\text{ctan}\alpha-v_1\right)$$

故

$$\text{ctan}\alpha=\frac{\pi dx}{q}\left(\frac{F_{p1}-F_s}{\rho q}+v_1\right)$$

$$=\frac{\pi\times0.025\times0.005}{600\times10^{-3}/60}\times\left(\frac{2454.4-2210.8}{900\times600\times10^{-3}/60}+20.4\right)=1.864$$

则

$$\alpha = 28.2°$$

所以，油流的出流角 α 为28.2°。

例 1-11　试计算 $d=12\text{mm}$ 圆管，$d=12\text{mm}$、$D=20\text{mm}$ 以及 $d=12\text{mm}$、$D=24\text{mm}$ 同心环状管道的水力直径。

解：$d=12\text{mm}$ 圆管的水力直径

$$d_H = \frac{4A}{x} = \frac{4\times\frac{\pi}{4}d^2}{\pi d} = d = 12\text{mm}$$

$d=12\text{mm}$、$D=20\text{mm}$ 同心环圆管的水力直径

$$d_H = \frac{4\times\frac{\pi}{4}(D^2-d^2)}{\pi(D+d)} = D-d = (20-12)\text{mm} = 8\text{mm}$$

$d=12\text{mm}$、$D=24\text{mm}$ 同心环状管道的水力直径

$$d_H = D-d = (24-12)\text{mm} = 12\text{mm}$$

计算表明：$d=12\text{mm}$ 圆管的面积为 $\pi/4d^2=113.1\text{mm}^2$，而 $d=12\text{mm}$、$D=20\text{mm}$ 同心环状管道的面积 $\pi/4\ (D^2-d^2)\ =201\text{mm}^2$，面积大了，而它的水力直径反而小了。由此可见，在相等的通流截面条件下，圆管的水力直径最大，因而最不容易堵塞。

例 1-12　某系统由液压泵到液压马达的管路如图 1-17 所示。已知 $d=16\text{mm}$，管总长 $l=3.84\text{m}$，油的密度 $\rho=900\text{kg/m}^3$，$\nu=18.7\times10^{-6}\text{m}^2/\text{s}$，$v=5\text{m/s}$，在45°处 $\zeta_1=2$，90°处 $\zeta_2=1.12$，135°处 $\zeta_3=0.3$，求由泵到马达的全部压力损失（位置高度及损失之间的扰动均不计，管道看作光滑管）。

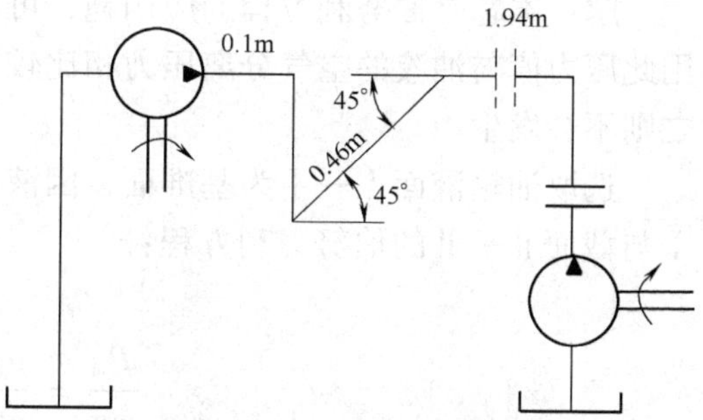

图 1-17　管路示意图

解：流动的雷诺数

$$R_e = \frac{vd}{\nu} = \frac{5\times0.016}{18.7\times10^{-6}} = 4278(\text{湍流})$$

据湍流时水力光滑管 $\lambda=0.3164Re^{-0.25}=0.3164\times4278^{-0.25}=0.039$

所以沿程压力损失 Δp_λ 为

$$\Delta p_\lambda = \lambda\frac{l}{d}\frac{v^2}{2}\rho = 0.039\times\frac{3.84}{0.016}\times\frac{5^2}{2}\times900\text{Pa} = 0.105\text{MPa}$$

管路有2个90°弯头，1个135°弯头和一个45°弯头，因此局部阻力损失 $\Delta p\zeta$ 为

$$\Delta p_\xi = (2\times1.12+0.3+2)\times\frac{5^2}{2}\times900\text{Pa} = 0.051\text{MPa}$$

因此总阻力损失 Δp

$$\Delta p = \Delta p_\lambda + \Delta p_\xi = (0.105+0.051)\text{Pa} = 0.156\text{MPa}$$

求管道的总压力损失时，将各部分的压力损失叠加起来，但要注意各个局部阻力之间的距离。一般经过一个局部阻力，液流受到的扰动要经过很长的距离（一般为 $10d\sim20d$）后

才能稳定下来。如果两个局部阻力间的距离小于上述距离，则第一个局部阻力后的液流，还没稳定下来，又碰到了第二个局部阻力。这样压力损失将会加大。所以，当局部阻力间的距离小于规定值时，总压力损失将比各个阻力产生的压力损失之和还要大。这点在上面的计算中没有计及，因为本题中的管长为3.84m，而管径为16mm，管长是管径的240倍，而在此长度上仅有4个局部阻力，显然各个局部阻力之间的距离是足够大的，因此就不必考虑液流经局部阻力时的扰动对压力损失值的影响了。

例 1-13 如图1-18所示的液压泵的流量 $q=25\mathrm{L/min}$，压力 $p=900\mathrm{kg/m^3}$，吸油管直径 $d=25\mathrm{mm}$，液压泵吸油口距液面高 $H=1\mathrm{m}$，粗滤网的压力降 $\Delta p_r=0.01\times10^6\mathrm{Pa}$，液压油为20号机油，50℃时运动粘度 $\nu=20\times10^{-2}\mathrm{cm^2/s}$，室温时 $\nu=142\times10^{-2}\mathrm{cm^2/s}$，油的空气分离压力为 $0.4\times10^5\mathrm{Pa}$，求液压泵的吸口处最大真空度及判别是否会出现空穴现象？

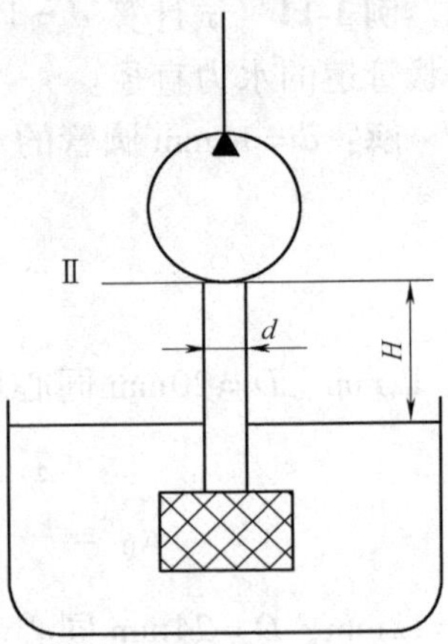

图 1-18 液压系统示意图

解：本题是伯努利方程的应用题，可以用伯努利方程求出液压泵吸口处的绝对压力值，用此压力值与油液的空气分离压力相比较，若小于空气的分离压力则有发生空穴的可能，反之则不会发生。

选取油箱液面Ⅰ—Ⅰ为基准面，因液面位置基本不变，故 $v_1\approx0$，$h_1\approx0$，列出基面Ⅰ—Ⅰ与截面Ⅱ—Ⅱ的伯努力利方程：

$$\frac{P_{at}}{\rho g}=\frac{p_2}{\rho g}+\frac{a_2v_2^2}{2g}+H+h_w$$

判别吸油管中流动状态

$$\nu=\frac{q}{\frac{\pi}{4}d^2}=\frac{\frac{25\times10^{-3}}{60}}{\frac{\pi}{4}\times(25\times10^{-3})^2}\mathrm{m/s}=0.85\mathrm{m/s}$$

因为室温时油的粘度比40℃时油液的粘度要大，所以能量损失也较大，求最大真空度只须考虑室温条件下的能量损失即可。

$$Re=\frac{vd}{\nu}=\frac{0.85\times2.5}{142\times10^{-2}}=1500<2320$$

流动状态为层流 $\alpha_2=2$

因而有

$$h_w=\frac{\Delta p_v}{\rho g}+\lambda\frac{l}{d}\frac{v^2}{2g}$$

取 $\lambda=\dfrac{75}{Re}$ $\qquad h_w=\dfrac{\Delta p_v}{\rho g}+\dfrac{75}{Re}\dfrac{l}{d}\dfrac{v^2}{2g}$

将此结果代入伯努利方程并加以整理得：

$$p_{at} = p_2 + \frac{2}{2}\rho v^2 + H\rho g + \Delta p_r + \frac{75}{Re}\frac{l}{d}\frac{\rho}{2}v_2^2$$

$$= \left[p_2 + 900 \times (0.85^2)^2 + 1 \times 900 \times 9.81 + 0.1 \times 10^5 + \frac{75}{150} \times \frac{1}{0.025} \times \frac{900}{2} \times (0.85)\right]^2 \text{Pa}$$

$$= p_2 + 0.26 \times 10^5 \text{Pa}$$

由此可得　　　　　　　真空度 $= p_{at} - p_2 = 0.26 \times 10^3$Pa

绝对压力　$p_2 = p_{at} - 0.26 \times 10^5 = 0.74 \times 10^5$Pa（取 $p_{at} = 10^5$Pa）$= 0.074$MPa

若取 $p_{at} = 0$ 则

相对压力　$p_2 = -0.26 \times 10^5$Pa（表压力）

负的表压力即为真空度，故真空度 $= |p_2| = 0.26 \times 10^5 \text{Pa} = 0.026$MPa

空气分离压力 0.04×10^6Pa 表示绝对压力，固须用同样的压力表示方法才能比较，取 $p_2 = 0.074 \times 10^6 \text{Pa} > 0.04 \times 10^6$Pa，故不会发生空穴和气蚀现象。

有人认为液压泵吸油腔的压力越低越好。因为吸油腔的压力越低，则油箱液面和泵吸油腔间的压差就越大，泵就吸入更多的液体，泵的流量就越大。其实，这是一个错误的概念。应该指出，泵吸油腔压力的大小是一个被决定的值，它要受到油箱液面的压力、吸油管中压力的损失、管径、流量、泵安装高度等因素的影响。流量越大，管径越小，泵安装高度越高，吸油管上压力损失越大，则泵吸油腔的绝对压力就越小。为使泵不发生气蚀现象，正确的概念应是：泵吸油腔的压力应该高一些为好（真空度要小一些），但压力低一些也无妨，可是不得低于油液在工作温度下的空气分离压，这样才能保证泵正常的工作，不致发生气蚀现象。

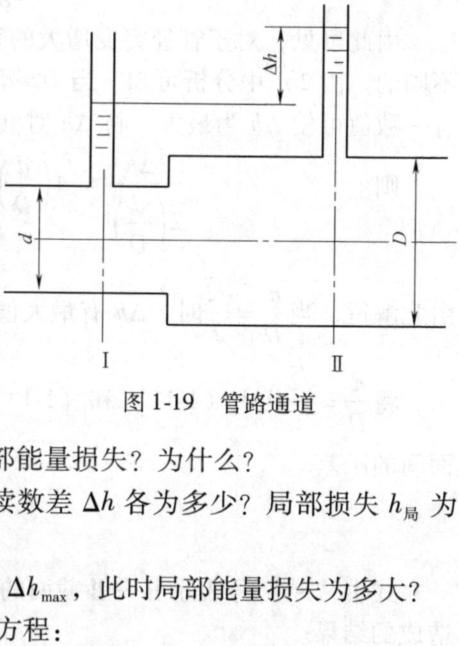

图 1-19　管路通道

例 1-14　如图 1-19 所示，在管径突变增大的管路通道中，用测压管来测量进口处和出口处的压差，若测压管的读数差为 Δh，测压管内所装液体的密度为 ρ，试分析下列问题：

1）测压管的读数差 Δh 是否就是进出口两端的局部能量损失？为什么？

2）在当 $D \gg d$ 及 $D = d$ 的两种情况下，测压管的读数差 Δh 各为多少？局部损失 $h_局$ 为多少？

3）当 D/d 为多大时，测压管能产生最大的读数差 Δh_{max}，此时局部能量损失为多大？

解：1）取管径突变增大前后的两截面列出伯努利方程：

$$\frac{p_1}{\rho g} + \frac{a_1 v_1^2}{2g} + h_1 = \frac{p_2}{\rho g} + \frac{a_2 v_2^3}{2g} + h_2 + h_局$$

$h_1 = h_2 = 0$ 取 $\alpha_1 = \alpha_2 = 1$

则
$$h_局 = \frac{p_1 - p_2}{\rho g} + \frac{v_1^2 - v_2^2}{2g} \tag{1-10}$$

测压管读数差 Δh 反映了所测两个截面之间的压力差，而局部能量损失还应考虑动能变化的因素，固 $h_局 \neq \Delta h$。

2）在管径突变增大的管路中所产生的局部能量损失 $h_{局}$

$$h_{局} = \xi \frac{v_1^2}{2g} = \left[1 - \left(\frac{d}{D}\right)^2\right]^2 \frac{v_1^2}{2g} \tag{1-11}$$

将（1-11）代入（1-10）

$$\Delta h = h_{局} - \frac{v_1^2 - v_2^2}{2g} = \left(1 - \frac{d_2^2}{D^2}\right)\frac{v_1^2}{2g} - \frac{v_1^2 - v_2^2}{2g} \tag{1-12}$$

当 $D \gg d$ 时 $v_2 = 0$ 则 $h_{局} = \frac{v_1^2}{2g}$，$\Delta h = 0$

当 $D = 0$ 时 $v_1 = v_2$ 则 $h_{局} = 0$，$\Delta h = 0$

3）根据连续性方程

$$\frac{\pi}{4}d^2 v_1 = \frac{\pi}{4}D^2 v_2$$

将 $v_2 = \frac{d^2}{D^2}v_1$ 代入（1-12）式

则
$$\Delta h = \frac{v_1^2}{2g}\left[\left(1 - \frac{d^2}{D^2}\right)^2 - 1 + \left(\frac{d}{D}\right)^4\right] \tag{1-13}$$

由此可见，对于管径突变增大的管路，选取不同的直径比 d/D，测压管的读数差 Δh 是不同的。由 2）中分析可知，当 $D \gg d$ 和 $D = d$ 时，Δh 均为零，这表明随着 d/D 的变化，必有一数值可使 Δh 为最大，将 Δh 对（d/D）求导，并令之等于零，

则
$$\frac{2\Delta h}{2\left(\frac{d}{D}\right)} = 4\left(\frac{d}{D}\right)^3 + 2\left[1 - \left(\frac{d}{D}\right)^2\right]\left[-2\left(\frac{d}{D}\right)\right] = 0$$

由此解得，当 $\frac{d}{D} = \frac{\sqrt{2}}{2}$ 时，Δh 有最大值 Δh_{max}。

将 $\frac{d}{D} = \frac{\sqrt{2}}{2}$ 代入（1-11）和（1-13）式，得出 $h_{局} = \frac{v_1^2}{8g}$ 并将其代入（1-12）式，求得两截面间的压差

$$\Delta h_{max} = -\frac{v_1^2}{4g}$$

式中“－”号表示Ⅱ—Ⅱ截面的压力 p_2 比Ⅰ—Ⅰ截面的压力 p_1 高，这是流速 $v_1 > v_2$ 所造成的结果。

例 1-15（习题 1-16）　有一薄壁节流小孔，通过的流量 $q = 25\text{L/min}$ 时，压力损失为 0.3MPa，试求节流孔的通流面积，设流量系数 $C_d = 0.61$，油液的密度 $\rho = 900\text{kg/m}^3$。

解：根据薄壁小孔流量公式 $q = C_d A_0 \sqrt{\frac{2\Delta p}{\rho}}$ 有

$$A_0 = \frac{q}{C_d}\sqrt{\frac{\rho}{2\Delta p}} = \frac{25 \times 10^{-3}/60}{0.61} \times \sqrt{\frac{900}{2 \times 0.3 \times 10^6}}\text{m}^2 = 2.65 \times 10^{-5}\text{m}^2$$

即薄壁小孔的通流面积为 $2.65 \times 10^{-5}\text{m}^2$。

例 1-16　如图 1-20 所示，已知液压泵的供油压力为 $p_p = 3.2\text{MPa}$，薄壁小孔节流阀Ⅰ的开口面积为 $A_{v1} = 2\text{mm}^2$，薄壁小孔节流阀Ⅱ的开口面积为 $A_{v2} = 1\text{mm}^2$，试求活塞向右运动的速度等于多少？活塞面积 $A = 1 \times 10^{-2}\text{m}^2$，油的密度 $\rho = 900\text{kg/m}^3$，负载 $F = 16000\text{N}$，油液的流量系数 $C_d = 0.6$。

解：液压缸左腔内压力为

$$p = \frac{F}{A} = \frac{16000}{1 \times 10^{-2}}\text{Pa} = 1.6\text{MPa}$$

节流阀Ⅰ处的压降　$\Delta p_{\text{I}} = (3.2 - 1.6)\ \text{MPa} = 1.6\text{MPa}$

节流阀Ⅱ处的压降　$\Delta p_{\text{II}} = (1.6 - 0)\ \text{MPa} = 1.6\text{MPa}$

通过节流阀Ⅰ开口的流量

$$q_{\text{I}} = C_d A_{v1}\sqrt{\frac{2\Delta p_{\text{I}}}{\rho}} = 0.6 \times 2 \times 10^{-6} \times \sqrt{\frac{2 \times 1.6 \times 10^6}{900}}\text{m}^3/\text{s} = 7.2 \times 10^{-5}\text{m}^3/\text{s}$$

通过节流阀Ⅱ开口的流量

$$q_{\text{II}} = C_d A_{v2}\sqrt{\frac{2\Delta p_{\text{II}}}{\rho}} = 0.6 \times 1 \times 10^{-6} \times \sqrt{\frac{2 \times 1.6 \times 10^6}{900}}\text{m}^3/\text{s} = 3.6 \times 10^{-5}\text{m}^3/\text{s}$$

进入液压缸的流量

$$q = q_{\text{I}} - q_{\text{II}} = (7.2 \times 10^{-5} - 3.6 \times 10^{-5})\text{m}^3/\text{s} = 3.6 \times 10^{-5}\text{m}^3/\text{s}$$

故活塞向右运动的速度为

$$v = \frac{q}{A} = \frac{3.6 \times 10^{-5}}{1 \times 10^{-2}}\text{m/s} = 3.6 \times 10^{-3}\text{m/s} = 0.216\text{m/min}$$

例 1-17（习题 1-17）　如图 1-21 所示，柱塞直径 $d = 19.9\text{mm}$，缸套直径 $D = 20\text{mm}$，长 $l = 70\text{mm}$，柱塞在力 $F = 40\text{N}$ 作用下向下运动，并将油液从缝隙中挤出，若柱塞与缸套同心，油液的动力粘度 $\mu = 0.784 \times 10^{-3}\text{Pa} \cdot \text{s}$，试求柱塞下落 0.1m 所需的时间。

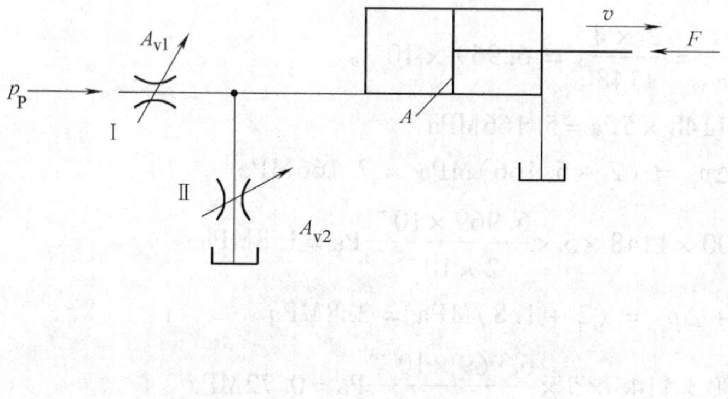

图 1-20　节流示意图

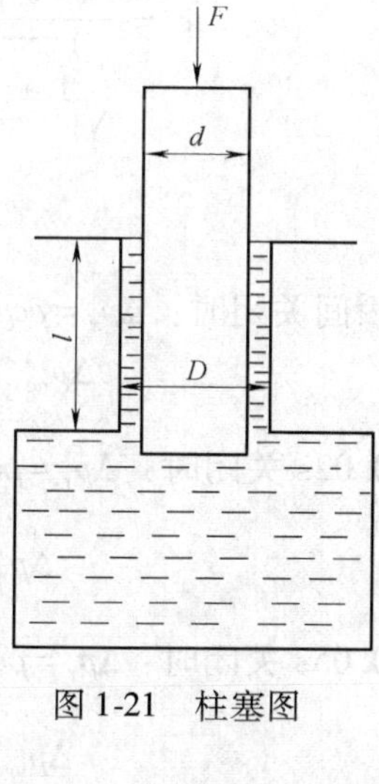

图 1-21　柱塞图

解：缸套中油液的压力 $p = \frac{F}{A} = \frac{4F}{\pi d^2}$，由于缸套与柱塞间径向间隙很小且同心，故根据同心环形间隙的流量公式，有 $q=\frac{\pi dh^3}{12\mu l}\Delta p-\frac{\pi dh}{2}u_0$

（因柱塞移动方向与压差方向相反，所以$\frac{\pi dh}{2}u_0$ 项应取负值。）

而 $q=Au_0=\frac{\pi}{4}d^2u_0$，$\Delta p=p-p_{at}=p$，$h=\frac{D-d}{2}=0.05\text{mm}$

则得 $\frac{\pi}{4}d^2u_0=\frac{\pi dh^3}{12\mu l}\times\frac{4F}{\pi d^2}-\frac{\pi dh}{2}u_0$

即

$$u_0=\frac{1}{\left(\frac{d}{4}+\frac{h}{2}\right)}\frac{h^3F}{3\pi\mu ld^2}$$

$$=\frac{1}{\left(\frac{19.9}{4}+\frac{0.05}{2}\right)\times10^{-3}}\times\frac{(0.05\times10^{-3})^3\times40}{3\times\pi\times0.784\times10^{-3}\times0.07\times0.0199^2}\text{m/s}$$

$$=4.8\times10^{-3}\text{m/s}$$

柱塞下落 0.1m 所需时间 $t=\frac{0.1}{4.8\times10^{-3}}\text{s}=20.8\text{s}$

例 1-18（习题 1-18） 液压系统从蓄能器 A 到电磁阀 B 的距离 $l=4\text{m}$，管径 $d=20\text{mm}$，壁厚 $\delta=1\text{mm}$，钢的弹性模量 $E=2.2\times10^5\text{MPa}$，油的体积模量 $K=1.33\times10^3\text{MPa}$，油密度为 900kg/m^2，管路中油液原先以 $v=5\text{m/s}$、$p_0=2\text{MPa}$ 流经电磁阀，试求当阀门瞬间关闭、0.02s 关闭和 0.5s 关闭时，在管路中达到的最大压力各为多少？

解：压力冲击波的传播速度为

$$c=\frac{\sqrt{\frac{K}{\rho}}}{\sqrt{1+\frac{d}{\delta}\frac{K}{E}}}=\frac{\sqrt{\frac{1.33\times10^9}{900}}}{\sqrt{1+\frac{0.02}{0.001}\times\frac{1.33\times10^9}{2.2\times10^{11}}}}\text{m/s}=1148\text{m/s}$$

$$t_c=\frac{21}{c}=\frac{2\times4}{1148}\text{s}=6.969\times10^{-3}\text{s}$$

瞬间关闭时：$\Delta p_r=\rho cv=900\times1148\times5\text{Pa}=5.166\text{MPa}$

$$\Delta p_{max}=p_0+\Delta p_r=(2+5.166)\text{MPa}=7.166\text{MPa}$$

0.02s 关闭时：$\Delta p_r=\rho cv\frac{t_c}{t}=900\times1148\times5\times\frac{6.969\times10^{-3}}{2\times10^{-2}}\text{Pa}=1.8\text{MPa}$

$$\Delta p_{max}=p_0+\Delta p_r=(2+1.8)\text{MPa}=3.8\text{MPa}$$

0.05s 关闭时：$\Delta p_r=\rho cv\frac{t_c}{t}=900\times1148\times5\times\frac{6.969\times10^{-3}}{5\times10^{-2}}\text{Pa}=0.72\text{MPa}$

$$\Delta p_{max}=p_0+\Delta p_r=(2+0.72)\text{MPa}=2.72\text{MPa}$$

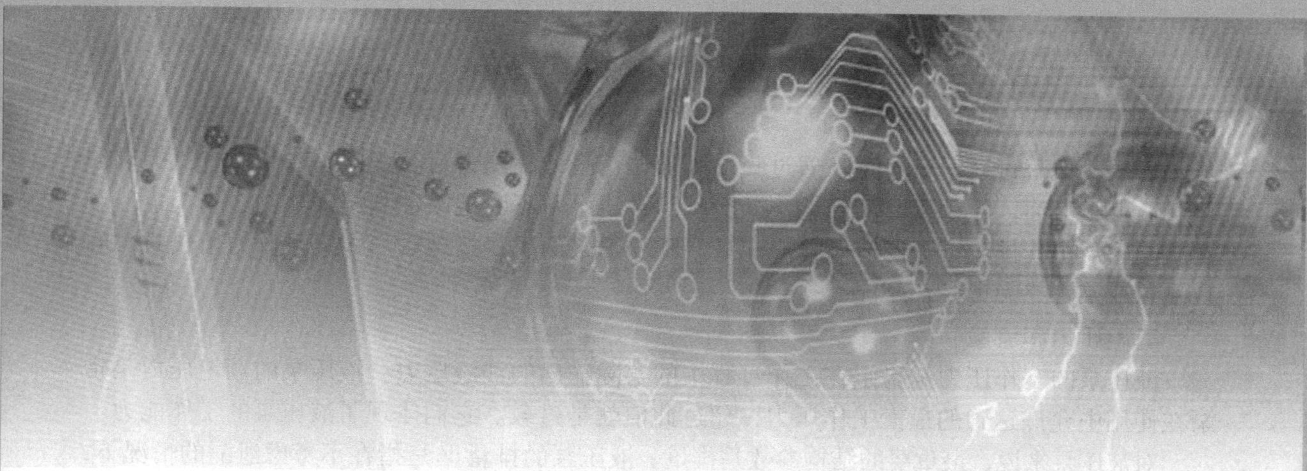

第二章 液压动力元件

本章重点

1）液压泵的工作原理，性能特点及应用范围。

2）液压泵的工作压力、排量、流量的概念及计算方法。

3）液压泵的功率与效率及其计算方法。

4）限压式变量叶片泵的工作原理及泵的流量压力特性曲线。

本章难点

1）液压泵和液压马达的功率与效率及其计算方法。

2）齿轮泵、叶片泵、柱塞泵的困油现象，原因以及消除的方法。

3）限压式变量叶片泵的工作原理及泵的流量压力特性曲线。

第一节 液压泵概述

在液压传动系统中，液压泵起着向系统提供动力源的作用，是系统不可缺少的核心元件。液压泵把原动机输入的机械能转换成油液的压力能，是一种能量转换装置。

一、液压泵的工作原理

液压泵必须具有周期性变化的密封容积和配流装置才能工作。根据这两个基本点来认识各类液压泵，读者就比较容易掌握它们的工作原理和特点。对于液压泵，如图 2-1 所示原动机带动液压泵运转，通过一定的机构使泵内的密封容积发生变化，并用配流装置使密封容积轮流和油箱或

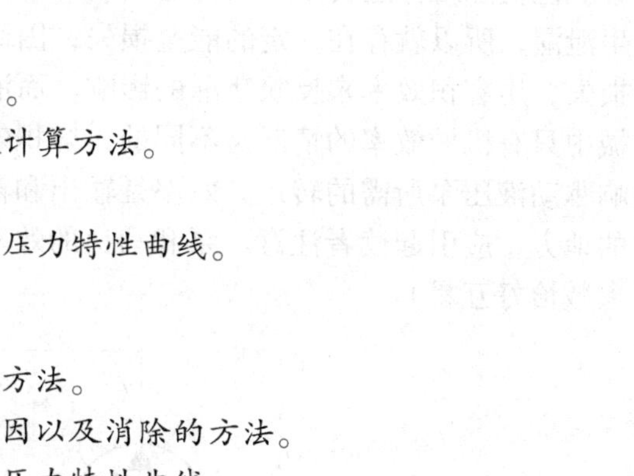

图 2-1 液压泵工作原理

负载相通。当密封容积增大时，通过吸油阀从油箱吸油，当密封容积减小时，通过压油阀向负载输出压力油，原动机驱动凸轮不断转动，液压泵就不断地吸油和压油。

液压泵按其排量可否调节而分成定量泵和变量泵两类；按结构形式又可分为齿轮式，叶片式和柱塞式三大类。

二、压力和流量

液压泵的工作压力是指泵在工作过程中的实际输出的油液压力；液压泵的额定压力是指泵在使用中允许达到的最大工作压力，超过此值就是过载。它们体现了液压泵的工作能力。

对液压泵来说，最重要的结构参数是排量。液压泵的排量 V 是指在不考虑泄漏的情况下，泵轴转过一整转时所能输出的油液容积。所谓理论流量 q_{Bt} 是指在不考虑泄漏的情况下，单位时间内所能输出的油液容积。如轴每分钟的转速为 n，则泵每分钟的理论流量为 $q_{Bt}=V\cdot n$。

液压泵的额定流量是指在额定转速和额定压力下泵输出的流量。因为液压泵存在内泄漏，所以额定流量与理论流量的值是不同的。

三、功率和效率

液压泵由原动机（一般为电动机）驱动运转，输入量是转矩和转速（角速度），输出量是油液的压力和流量，若不考虑能量转换过程中的能量损失，则输出功率和输入功率应相等。但实际工作过程中，因为运动副之间存在着机械摩擦，高低压腔之间由于间隙存在而发生泄漏，所以就存在一定的能量损失，因而我们可以用机械效率来反映液压泵中的机械摩擦损失，用容积效率来反映泄漏的影响。而液压泵的总效率为这两个效率的乘积。这和一般机械中只有机械效率的情况是不同的，容积效率影响液压泵的实际输出流量，而机械效率则影响驱动液压泵所需的转矩。效率是输出和输入参数之比，在实际计算中这往往是最容易出错的地方。应引起读者注意。泵和马达的效率如图 2-2 所示（液压马达和液压泵的输出和输入参数恰好互易）。

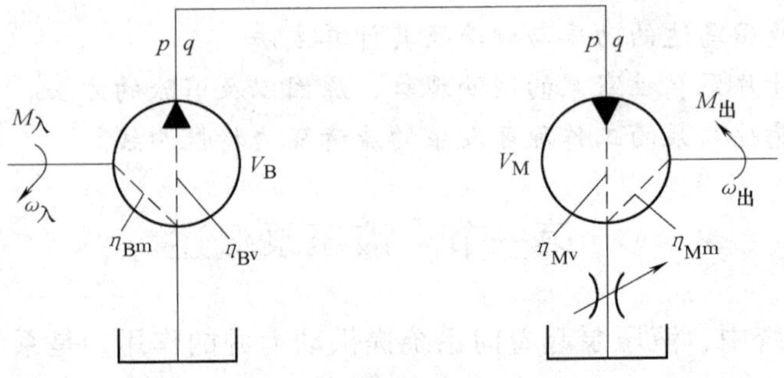

图 2-2　泵和马达的效率

电动机的输入转矩为 $M_入$、转速为 $\omega_入/2\pi$、液压泵的排量为 V_B、机械效率为 η_{Bm}、容积效率为 η_{BV}时，所能产生的液压泵的输出压力 $p=M_入2\pi\eta_{Bm}/V_B$，输出流量 $q=V_B\omega_入\eta_{Bv}/2\pi$，此时，液压泵的输出功率 $p_{出}=pq$，总效率 $\eta=\eta_{Bm}\eta_{Bv}$。对于液压马达来说，当输入压力为 p，流量为 q、排量为 V_M、机械效率为 η_{Mm} 容积效率为 η_{Mv} 时，它的输出转矩为 $M_{出}=\Delta pV_M\eta_{Mm}/2\pi$，输出转速为 $2\pi\omega_{出}=q\eta_{Mv}/V_M$，此时液压马达的输出功率 $P_{出}=M_{出}\omega_{出}$，总效率 $\eta_M=\eta_{Mm}\eta_{Mv}$。比较以上诸式中效率与主要参数的关系，可以看出：当已知液压泵的输入（$M_入$ 和 $\omega_入$）求泵的输出（p，q），已知液压马达的输入（p，q）求马达的输出（$M_{出}$ $\omega_{出}$）

时，效率参数都放在分子上，也就是说，由于机械摩擦和泄漏的存在使得在拖动一定负载的条件下，所需的输入量变大了。反之效率参数应放在分母上。

第二节 齿 轮 泵

齿轮泵是液压传动系统中常用的液压泵之一，在结构上可分为外啮合式和内啮合式两大类。下面以外啮合式为例来叙说齿轮泵的特性。

一、齿轮泵的工作原理

齿轮泵也是容积式泵，因而在分析齿轮泵的工作原理时，首先要抓住容积式泵的工作特点：即用一个变化的密闭容积来进行分析。在齿轮泵中，变化的密闭容积是由两个齿轮的齿间、泵体以及两端盖组成，形成若干个密闭的容积，当主动轮带动从动轮旋转时，由于一侧齿轮脱开啮合，其工作容积逐渐增大，形成部分真空，油箱中的油液在大气作用下被压进来，并随着齿轮旋转而移动。当油液到达另一侧面时，由于齿轮逐渐进入啮合，密封工作容积减小，油液便不断地被挤出去，因而齿轮脱开啮合的区域即为吸油区，而进入啮合的区域为压油区。齿轮泵的吸油区和压油区是被啮合的轮齿及泵体分隔开，因此它们又起着配流的作用。

二、齿轮泵结构特点

在分析齿轮泵的结构时，关键要抓住齿轮泵的特点以及所存在的几个主要问题。要在弄清楚齿轮泵工作原理的基础上分析其结构、组成、传动方式，油液的进、出油路，密封、泄漏及其排泄方式。齿轮泵结构中存在的问题主要是困油、泄漏和径向力不平衡，这三点也是齿轮泵工作压力不能提高的主要原因。

（1）困油　造成困油的根本原因是由于齿轮啮合的重合度大于1，当前一对轮齿尚未脱开啮合时，后一对轮齿又进入啮合，所以在这段时间内，同时啮合的就有两对轮齿，这时在两对轮齿之间形成了和吸压油腔均不相通的闭死容积，而齿轮继续旋转时，闭死容积的大小会发生变化，导致局部油液压力的急聚升高和下降，这种现象称之为困油现象。消除困油的方法，通常是在两侧盖板上开卸荷槽，其原理是在容积减小（压力升高）时使其与压油腔相通，在容积增大（压力下降）时，使其与吸油腔相通。

（2）泄漏　外啮合齿轮泵的压力油可通过三条途径泄漏到低压腔中去：一是通过啮合线处的间隙；二是通过泵体内孔和齿顶圆间的径向间隙；三是通过齿轮两侧面和侧盖板间的轴向间隙。通过轴向间隙的泄漏量最大，可占总泄漏量的75%～80%，因而普通的齿轮泵容积效率较低，输出压力也不易提高。要提高齿轮泵的工作压力，首要的问题是要减小轴向泄漏。

（3）径向力不平衡　作用在齿轮泵轴承上的径向力 F，是由沿齿轮圆周的液体压力产生的径向力 F_p 和齿轮啮合产生的径向力 F_T 所组成的（见图2-3）。

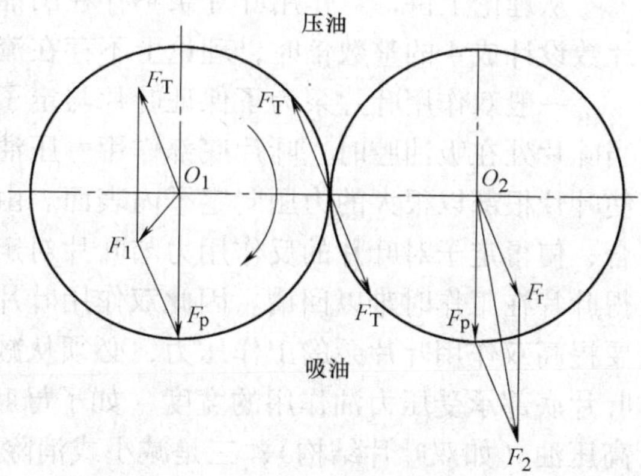

图2-3　齿轮泵轴承受力图

由图 2-3 可知，齿轮泵在工作时，其主动轮轴承所受合力 F_1 小于从动轮轴承所受的合力 F_2，因而从动轮的轴承易磨损。为了减小径向不平衡力的影响，有的泵采取缩小压油口的办法，使压力油尽量作用在一个到两个齿的范围内。同时，适当增加径向间隙，使齿轮在压力作用下，齿顶不能和泵体相接触，以减小轴承的磨损。

三、齿轮泵的输油量计算

在输油量的计算中关键是要搞清楚齿轮谷容积大致等于轮齿的体积，齿谷的有效工作高度为 $h=2m$ 这个假设。

四、高压齿轮泵的特点

如前所述，齿轮泵在结构上存在困油、泄漏和径向力不平衡三大问题，其中尤其以泄漏为重，而泄漏中又以轴向泄漏为主，因而要想提高齿轮泵的工作压力，必须有效地解决轴向泄漏，因而在结构上常采用轴向间隙补偿装置来达到这个目的。

第三节　叶　片　泵

根据转子每转一转时每个密闭容积吸、压油次数的不同，叶片泵分为双作用叶片泵和单作用叶片泵两种，前者为定量泵，后者一般为变量泵。（读者要注意区分双作用叶片泵和双向泵之间的区别，前者仍为单向定量泵，而后者则为双向变量泵）

一、定量叶片泵

（1）工作原理　定量叶片泵也称双作用叶片泵，其特点是转子每转一转时，每一个密闭容积（由定子内表面，转子外表面，两个叶片和前后配油盘组成）完成两次吸油和压油的过程。由于密闭容积连续不断地变化，使得叶片泵连续地进行吸油和压油。

（2）结构特点　双作用叶片泵定子内表面曲线中连接大、小圆弧曲线的四段过渡曲线，是影响泵工作性能（如流量脉动、噪声和寿命）的主要因素。因此，合理设计双作用叶片泵的定子过渡曲线，对于改善和提高叶片泵的性能十分重要。一般可设计成阿基米德螺旋线、等加速—等减速曲线、正弦曲线—余弦曲线等多种过渡曲线，双作用叶片泵一般采用等加速—等减速曲线，也有采用组合曲线的。

双作用叶片泵配油盘上两对吸、压油口是沿轴心线对称设置的。所以径向液压作用力相平衡，轴和轴承不受不平衡径向力的影响。因此这种泵又称卸荷式叶片泵。

从理论上讲，双作用叶片泵不存在困油现象。另外，如不考虑叶片厚度的影响，并把叶片数设计成 4 的整数倍时，理论上不存在流量脉动，所以这种泵的压力脉动和噪声较小。

一般双作用叶片泵为了保证叶片与定子内表面紧密接触，叶片底部都是通压油腔的。但当叶片处在吸油腔时，叶片底部作用着压油腔的压力，顶部作用着吸油腔的压力。其压力差使叶片根部以很大的力压向定子内表面。由于在过渡曲线上，某点的法线与转子的径向不重合，使得定子对叶片的反作用力与叶片对定子的压力不重合，因而存在一个切向分力 T，使得叶片在工作时难以回槽。因此双作用叶片泵通常使叶片有一个前斜角 $\theta=13°$（见图 2-4）。要提高双作用叶片泵的工作压力，必须从减轻叶片受力状况来考虑。常用方法有：一是减小叶片底部承受压力油作用的宽度（如子母叶片结构，阶梯叶片结构）；二是在叶片的顶部通高压油（如双叶片结构）；三是减小或消除叶片底部的压力油（如辅助阀式和弹簧叶片式结构）。

二、变量叶片泵

变量叶片泵又称单作用叶片泵，它们的工作原理与双作用叶片泵基本相似，所不同的是单作用叶片泵转子每转一转完成一次吸、压油过程。从结构上来看。单作用叶片泵的定子内表面曲线是圆弧，转子以偏心距 e 安装在定子中，转子中心固定不动。而定子中心可相对于转子中心作水平移动（见图2-5），因而可方便地调节定子和转子之间的偏心距 e 的大小和方向，从而实现排量大小和排油方向的改变。

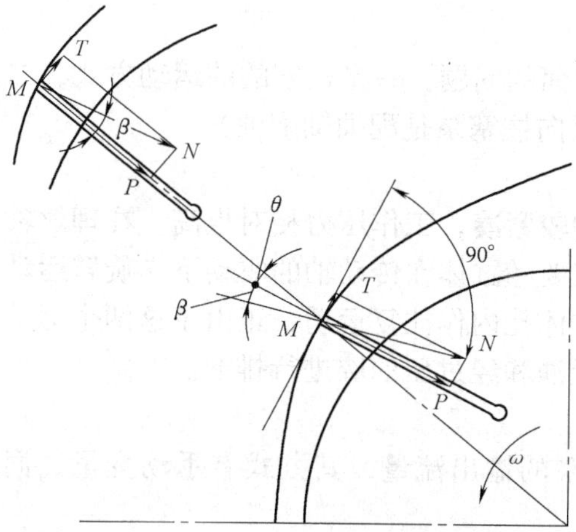

图2-4 叶片的倾角

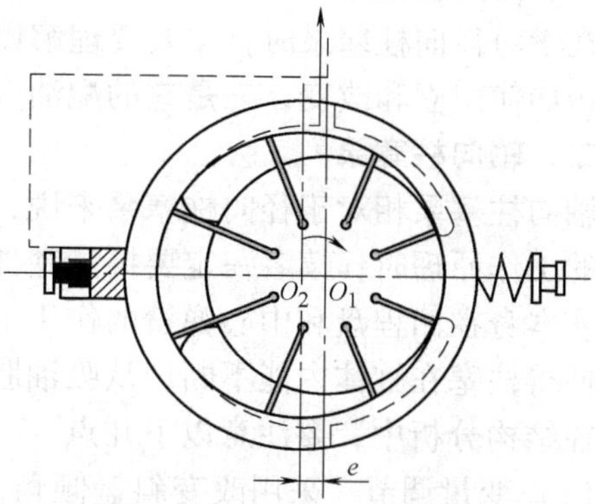

图2-5 外反馈变量叶片泵工作原理

变量叶片泵种类很多，按照移动定子的控制方式不同可分为外控式（其中又分手动控制、机械控制、液压控制、气动控制、电动控制和复合控制）和调节式两大类。调节式中按调节性能不同又分为限压式、恒功率式、恒压力式、恒流量式等类型，其中限压式应用最广泛。

限压式变量叶片泵又可分为内反馈式和外反馈式，前者主要是靠不对称的配油窗口对定子产生作用力使其与弹簧力相平衡而进行调节，后者吸、压油窗口对称，靠外部引入压力油通过柱塞直接作用在定子上与弹簧力相平衡而进行调节。在限压式叶片泵中，最重要的是要理解限压式变量叶片泵的特性曲线（见图2-6）。要理解 A、B、C 三点以及与之相对应的 q 与 p 之间的关系。

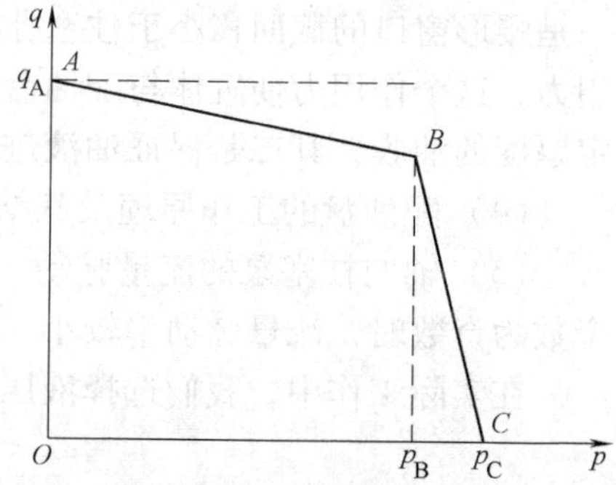

图2-6 限压式变量叶片泵特性曲线

变量叶片泵输出最大工作压力 p_{max}（p_C）时，输出流量为零（$e=0$），通过调节弹簧力的大小，便可改变 p_B 和 p_C 的值（BC 段左右平移）；调节流量调节螺钉，便可改变偏心 e，从而改变流量的大小（AB 段上下平移），但此时一定要注意 BC 段不会左右移动；若改变弹簧刚度，更换不同的弹簧，BC 段的斜率会发生变化。弹簧越软，BC 段越陡；反之 BC 段越平坦。

限压式变量叶片泵的结构较双作用叶片泵复杂，在看结构图时只要对照原理图，弄清定子的受力及其移动方向和位置，那么问题就不难解决了。

第四节 柱 塞 泵

柱塞泵也是容积式液压泵，按柱塞与传动轴的相对位置可分为径向柱塞泵和轴向柱塞泵两大类。前者柱塞轴线与传动轴轴线垂直，后者柱塞轴线与传动轴轴线平行或倾斜。由于柱塞和与其配合的孔的加工精度比较容易提高，所以柱塞泵一般多为高压泵，额定压力可达31.5MPa 甚至更高。

一、径向柱塞泵

在学习径向柱塞泵时，主要要理解以下几方面的问题：一是柱塞的的运动方式，二是工作容积如何建立和改变，三是它的配油方式（径向柱塞泵是配油轴配油）。

二、轴向柱塞泵

轴向柱塞泵相对于径向柱塞泵来说，其结构较紧凑，工作压力相对也高。在理解轴向柱塞泵的工作原理时，读者一定要搞清楚柱塞不仅要随缸体在传动轴的驱动下作旋转运动，而且柱塞本身在回程盘和中心弹簧的作用下，在缸体孔内作往复运动，正由于这两个运动的存在，使得柱塞在缸体内能不断地从吸油腔进行吸油和经过压油腔进行排油。

在结构分析中，要注意以下几点：

（1）变量调节　采用改变斜盘倾角来改变泵的输出流量，其方式有手动变量、伺服变量、机动变量和恒功率变量等。

（2）中心弹簧的安放方式及作用　这里中心弹簧的安放不仅能保证柱塞上滑靴端部与斜盘紧密接触，同时也使此力通过弹簧座套传到缸体上，以保证配油盘在工作压力未建立以前能正常工作。

（3）缸体底部腰形窗口的作用　为何缸体底部要开成腰形孔？这主要有两个原因：其一是腰形窗口的截面积小于柱塞孔的截面积，这个面积差使得在高压区时柱塞缸体有一个作用力，这个作用力使缸体与配油盘之间保证有一稳定的作用力，使其能产生一个稳定的有一定厚度的油膜；其二是保证油液进入和压出柱塞孔的流速不致太高。

（4）配油盘的工作原理及其结构

（5）轴向柱塞泵的流量脉动　一定要理解柱塞个数与流量脉动率之间的关系，当柱塞个数为奇数时，流量脉动率较小，一般柱塞泵的柱塞个数为 7 个或 9 个。

在实际工作中，我们选择液压泵主要是考虑其工作压力和流量这两个参数。

第五节　例题与部分习题解答

例 2-1　某液压泵排量为 10mL/r，工作压力为 10MPa，转速为 1500r/min，泵的泄漏系数为 $\lambda_B = 2.5\times10^{-6}$mL/Pa·s，机械效率为 0.90，试求：1）输出流量；2）容积效率和总效率；3）输出和输入功率；4）理论转矩和输入转矩。

解：1）输出流量 q_B

$$\begin{aligned} q_B &= q_{Bt} - \Delta q_B = n_B V_B - \lambda_B \Delta p_B \\ &= (1500\times10 - 2.5\times10^{-6}\times10\times10^{6}\times60)\text{mL/min} \\ &= 13.5\times10^{3}\text{mL/min} = 13.5\text{L/min} \end{aligned}$$

2）液压泵的容积效率 η_{BV} 和总效率 η_B

$$\eta_{BV} = \frac{q_B}{q_{B_1}} \times 100\% = \frac{13.5 \times 10^3}{1500 \times 10} \times 100\% = 90\%$$

$$\eta_B = \eta_{BV}\eta_{Bm} = 0.9 \times 0.9 \times 100\% = 0.81 \times 100\% = 81\%$$

3）输出功率和输入功率的计算

输出功率：$P_B = \frac{p_B q_B}{600} = \frac{100 \times 13.5}{600}\text{kW} = 2.25\text{kW}$

输入功率：$P_{B入} = \frac{P_B}{\eta_B} = \frac{2.25}{0.81}\text{kW} = 2.78\text{kW}$

4）理论转矩和输入转矩

理论转矩：$T_{Bt} = \frac{p_B V_B}{2\pi} = \frac{100 \times 10^5 \times 10 \times 10^{-6}}{2\pi}\text{N} \cdot \text{m} = 15.92\text{N} \cdot \text{m}$

输入转矩：$T_{B入} = \frac{M_{Bt}}{\eta_{Bm}} = \frac{15.92}{0.9}\text{N} \cdot \text{m} = 17.69\text{N} \cdot \text{m}$

例 2-2　齿轮泵转速为 1200r/min，理论流量为 12.286L/min，齿数 $z = 8$，齿宽 $B = 30\text{mm}$，机械效率和容积效率均为 90%，工作压力为 $5.0 \times 10^6\text{Pa}$。试求该齿轮泵的齿轮模数 m，输出功率和输入功率。

解：因理论流量　$q_{Bt} = n_B V_B = 2\pi m^2 z B n_B$

故　$m = \sqrt{\frac{q_{Bt}}{2\pi z B n_B}} = \sqrt{\frac{16.286 \times 10^{-3}}{2\pi \times 8 \times 30 \times 10^{-3} \times 1200}}\text{m} \approx 3.14 \times 10^{-3}\text{m} \approx 3\text{mm}$

输出功率：

$$M_B = p_B q_B = \frac{50 \times 10^5 \times 16.286 \times 10^{-2} \times 0.9}{60}\text{W} = 1.22 \times 10^3\text{W} = 1.22\text{kW}$$

输入功率：

$$M_{B入} = \frac{M_B}{\eta_B} = \frac{1.22}{0.9 \times 0.9}\text{kW} \approx 1.5\text{kW}$$

例 2-3（习题 2-3）　某变量叶片泵转子外径 $d = 83\text{mm}$，定子内径 $D = 89\text{mm}$，叶片宽度 $B = 30\text{mm}$，试求 1）叶片泵排量为 16mL/r 时的偏心量 e；2）叶片泵最大可能的排量 V_{Bmax}。

解：本题的求解内容为两个，一个是在已知排量的情况下求偏心量，而另一个是求在最大偏心量时的最大排量。

1）偏心量 e

当忽略叶片厚度 δ 和安装倾角 θ 时，单作用叶片泵的排量公式 $V_B = 2\pi DeB$，故

$$e = \frac{V_B}{2\pi DB} = \frac{16 \times 10^3}{2\pi \times 89 \times 30}\text{mm} = 0.95\text{mm}$$

2）叶片泵的最大可能的排量 V_{Bmax}

$$V_{Bmax} = 2\pi D e_{max} B$$

$$e_{max} = R - r = \frac{D - d}{2} = \frac{89 - 83}{2}\text{mm} = 3\text{mm}$$

注意：考虑到转子与外部定子之间必须保持一定的最小间隙，取最小间隙为 0.5mm，则可取：

$$e_{\max} = (3 - 0.5)\text{mm} = 2.5\text{mm}$$

$$V_{\text{Bmax}} = 2\pi \times 8.9 \times 0.25 \times 3\text{mL/r} = 41.9\text{mL/r}$$

例 2-4 某机床液压系统采用限压式变量泵，该泵出厂的流量压力特性曲线如图 2-7 所示，已知泵的总效率为 0.7，当机床在工作进给时，泵的压力 $p_B = 4.5\text{MPa}$，输出流量 $q = 2.5\text{L/min}$，在快速移动对，泵压力 $p = 2.0\text{MPa}$，输出流量 $q = 20\text{L/min}$，试问限压式变量泵的流量—压力特性曲线应调成何种图形？泵所需的最大驱动功率为多少？

解：本题的问题是变量叶片泵在使用过程中经常碰到的实际性问题，根据使用要求，快进时泵应在 AB 段工作，而工进时则应在 BC 段工作．因而要根据快进和工进的要求来确定调整曲线。根据快进的工作要求：$p = 2.0\text{MPa}$，$q = 20\text{L/min}$，在坐标上得交点 M，通过 M 点作 AB 线的平行线 $A'E_0$。

根据工进的要求：$p = 4.5\text{MPa}$，$q = 2.5\text{L/min}$，在坐标上得交点 N，过 N 点作 BC 的平行线 $C'D$。

$A'E_0$ 与 $C'D$ 相交于 B'，则 $A'B'C'$ 曲线即为调整后的变量泵特性曲线，B' 为特性曲线的拐点。从图中可查得 B' 点对应的压力 $p = 3.25\text{MPa}$，流量 $q = 19\text{L/min}$。

变量泵的最大功率在拐点处的压力附近，在工作压力超过限定时，泵输出流量减少，通常功率反而下降，因而在计算泵所需输入功率时，应按拐点处的压力流量参数计算，即

$$P = \frac{p_B V_B}{\eta_B} = \frac{32.5 \times 19}{600 \times 0.7}\text{kW} = 1.5\text{kW}$$

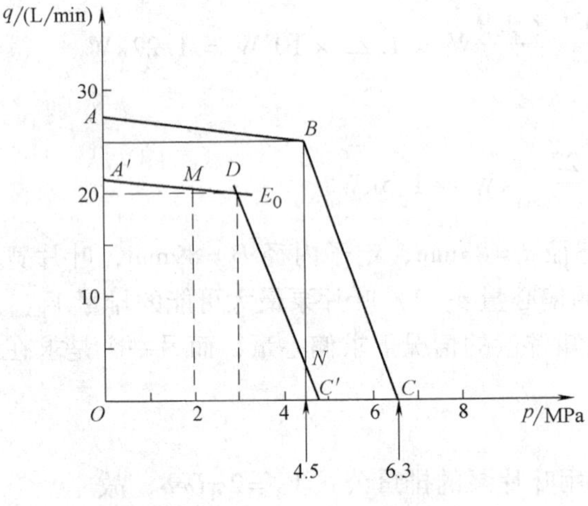

图 2-7 流量压力特性曲线

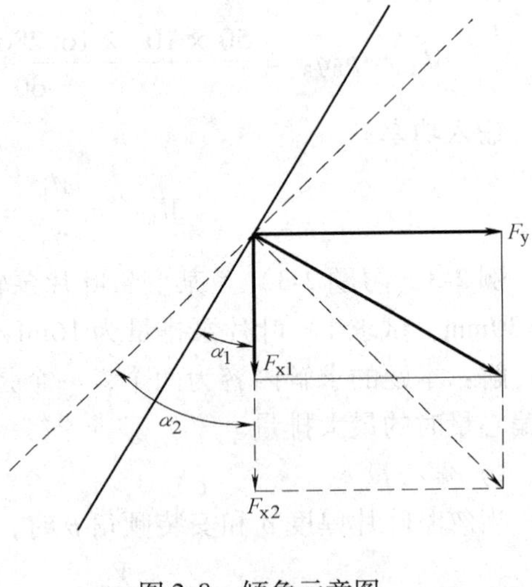

图 2-8 倾角示意图

例 2-5 如图 2-8 所示，轴向柱塞泵和轴向柱塞液压马达的斜盘倾角为何不能太大？设轴向柱塞泵斜盘的倾角 $\alpha = 22°30'$，柱塞直径 $d = 22\text{mm}$，柱塞分布圆直径 $D = 68\text{mm}$，柱塞数 $z = 7$，转速为 $n = 960\text{r/min}$，输出压力 $p = 10.0\text{MPa}$，容积效率 $\eta_{BV} = 0.98$ 时，机械效率 $\eta_{Bm} = 0.9$ 时，试计算：1）理论流量；2）实际输出流量；3）泵的输入功率。

解：如图所示，F_y 为斜盘对柱塞的反作用力，这个力等于柱塞对斜盘的作用力（$P\pi d^2/4$），随着倾角从 α_1 增大到 α_2，斜盘对柱塞的径向分力（$F_y\tan\alpha$）从 F_{x1} 增大到 F_{x2}，这样使转子的倾覆力矩增大得很快，使转子压在配油盘上的力不均匀，产生局部磨损，造成泄漏增加，寿命降低，而且柱塞在转子柱塞孔中摩擦力加大，机械效率降低. 所以倾角 α 不宜过大，反之若过小，对泵来说输出流量小；对于马达来说，会因输出转矩太小不能克服摩擦力矩而制动。

1）泵的理论流量 q_{Bt}

$$q_{Bt} = V_B n_B = \frac{1}{4}\pi d^2 D\tan\alpha z n_B$$

$$= \frac{1}{4}\pi \times (2.2)^2 \times 6.8 \times \tan22°30' \times 7 \times 960\text{mL/min}$$

$$= 71950\text{mL/min} \approx 72\text{L/min}$$

2）泵的实际输出流量 q_B

$$q_B = q_{Bt}\eta_{BV} = 72 \times 0.98\text{L/min} = 70.5\text{L/min}$$

3）泵的输入功率

$$P = \frac{p_B q_B}{\eta_{BV}\eta_{Bm}} = \frac{70.5 \times 100}{600 \times 0.98 \times 0.9}\text{kW} = 13.3\text{kW}$$

例 2-6（习题 2-2） 设液压泵转速为 950r/min，排量 $V_p = 168\text{mL/r}$，在额定压力 29.5MPa 和同样转速下，测得的实际流量为 150L/min，额定工况下的总效率为 0.87，试求：

1）泵的理论流量。

2）泵的容积效率。

3）泵的机械效率。

4）泵额定工况下，所需电动机驱动功率。

5）驱动泵的转矩。

解：1）泵的理论流量 $q_t = V_p n = 168 \times 10^{-3} \times 950\text{L/min} = 159.6\text{L/min}$

2）泵的容积效率 $\eta_V = \dfrac{q}{q_t} = \dfrac{150}{159.6} = 0.94$

3）泵的机械效率 $\eta_m = \dfrac{\eta}{\eta_V} = \dfrac{0.87}{0.94} = 0.926$

4）额定工况下，所需电动机驱动功率

$$P_i = \frac{pq}{\eta} = \frac{25.9 \times 10^6 \times 150 \times 10^{-3}/60}{0.87}\text{W} = 84.77 \times 10^3\text{W} = 84.77\text{kW}$$

5）驱动泵的转矩 $T_i = \dfrac{P_i}{2\pi n} = \dfrac{84.77 \times 10^3}{2\pi \times 950/60}\text{N}\cdot\text{m} = 852.5\text{N}\cdot\text{m}$

例 2-7 设液压泵和液压马达具有相同的排量 q，转速 n 和泄漏系数 λ。试证：

1）当泄漏流量 $\lambda\Delta p < 0.1nV$ 时，液压马达的容积效率 η_{MV} 与液压泵容积效率 η_{BV} 的差值小于 1%；

2）当液压泵的容积效率 $\eta_{BV} = 0.80$ 时，液压马达的容积效率 $\eta_{MV} = 5/6 \approx 0.83$；

3）当液压马达的容积效率 $\eta_{MV} = 0.80$ 时，液压泵的容积效率 $\eta_{BV} = 0.75$；

4）当两者容积效率之差等于2%时，则下式成立：

$$100\lambda\Delta p = (\sqrt{201}+1)nq$$

证明：本例题主要是使读者加深理解泵和马达两者容积效率表达式的差异，只有充分理解了这两者的不同之处，才能正确解答本题。

1）证明两者容积效率之差小于1%（$\lambda\Delta p \leqslant 0.1nV$）液压泵的输出流量 q_B 可表示为：

$$q_B = q_{Bt} - \Delta q = n_B V_B - \lambda_B \Delta p = nq - \lambda\Delta p$$

$$\eta_{BV} = \frac{q_B}{q_{Bt}} = 1 - \frac{\lambda\Delta p}{nV}$$

液压马达的输入流量 $q_{M入}$ 可表示为

$$q_{M入} = q_{Mt} + \Delta q_M = n_M V_M + \lambda_M \Delta p_M = nV + \lambda\Delta p$$

$$\eta_{MV} = \frac{q_{Mt}}{q_{M入}} = 1 - \frac{\lambda\Delta p}{nV + \lambda\Delta p}$$

两者容积效率之差

$$\Delta\eta_V = \eta_{MV} - \eta_{BV} = \lambda\Delta p\left(\frac{1}{nV} - \frac{1}{nV+\lambda\Delta p}\right)$$

$$= \frac{(\lambda\Delta p)^2}{nV(nV+\lambda\Delta p)} \leqslant \frac{10^{-2}n^2V^2}{nV(nV+\lambda\Delta p)}$$

$$= \frac{1}{100\left(1+\dfrac{\lambda\Delta p}{nV}\right)} < 1\%$$

2）当 $\eta_{BV}=0.80$ 时，证明 $\eta_{MV}=\frac{5}{6}\approx 0.83$

令 $\eta_{BV}=0.80$ 代入 η_V 的表达式

$$\eta_{BV} = 1 - \frac{\lambda\Delta p}{nV} = 0.8$$

$$\lambda\Delta p = 0.2nV$$

将 $\lambda\Delta p = 0.2nV$ 代入 η_M，表达式

$$\eta_{MV} = 1 - \frac{\lambda\Delta p}{nV+\lambda\Delta p} = 1 - \frac{0.2nV}{nV+0.2nV} = \frac{5}{6} \approx 0.83$$

3）当 $\eta_{MV}=0.8$ 时，证明 $\eta_{BV}=0.75$

同上，令 $\eta_{MV}=0.80$ 时，则有

$$\eta_{MV} = 1 - \frac{\lambda\Delta p}{nV+\lambda\Delta p} = 0.8$$

则 $\lambda\Delta p = 0.25nV$

$$\eta_{BV} = 1 - \frac{0.25nV}{nV} = 0.75$$

4）当 $\Delta\eta_V = 2\%$ 时，证明 $100\lambda\Delta p = (\sqrt{201}+1)nV$ 式成立

$$\Delta\eta_V = \frac{(\lambda\Delta p)^2}{nV(nV+\lambda\Delta p)} = 2\%$$

展开上式，得

$$(\lambda\Delta p)^2 - \frac{nV}{50}\lambda\Delta p - \frac{(nV)^2}{50} = 0$$

$$\lambda\Delta p = \frac{1 \pm \sqrt{201}}{100}nV$$

因负根不合题意舍去，则有

$$100\lambda\Delta p = (\sqrt{201} + 1)nV$$

第三章

液压执行元件

液压马达和液压缸是液压传动系统中的执行元件，它们是把液体的压力能换成机械能以实现旋转运动和往复运动的能量转换装置，在液压传动系统中得到了广泛应用。

本章重点

1）液压缸的各种结构形式。

2）单出杆双作用活塞缸的工作特点和其速度、推力的计算。

3）差动液压缸的工作特点和其速度，推力的计算。

4）液压缸结构设计。

本章难点

1）差动液压缸的工作原理及其计算。

2）液压缸结构设计中的缓冲机理。

第一节 液压马达

我们把作连续转动并输出转矩的液压执行元件称之为液压马达。它的作用是将液压能转变成机械能，它的工作条件与液压泵相类似，概括地说：

1）进、回油腔要隔开。

2）进、回油腔必须产生总的不平衡转矩。

3）进、回油腔密封容积变化与配流手段相协调。

第二节 液压缸

液压缸按其结构形式，可以分为活塞缸、柱塞缸和摆动缸三类。

一、活塞式液压缸

活塞式液压缸可分为双出杆液压缸、单出杆液压缸和无杆液压缸三种。

（一）双出杆液压缸的结构

双出杆液压缸根据其安装时是缸体固定还是活塞杆固定又可分为实心双出杆和空心双出杆液压缸两种。图 3-1a 所示为缸体固定的实心双出杆液压缸。它的进、出油口布置在缸体两端，两活塞杆的直径通常是相等的。因此，当工作压力和输入流量不变时，自两个方向输出的推力和速度是相等的，其值为：

$$F_1 = F_2 = (p_1 - p_2)A\eta_m = (p_1 - p_2)\frac{\pi}{4}(D^2 - d^2)\eta_m \tag{3-1}$$

$$v_1 = v_2 = \frac{q}{A}\eta_V = \frac{4q\eta_V}{\pi(D^2 - d^2)} \tag{3-2}$$

式中，η_m、η_V 为液压缸的机械效率和容积效率。请注意图 3-1a 中的双点画线，它表明这种安装形式使得工作台的移动范围约为活塞有效行程的 3 倍，占地面积大。图 3-1b 所示的是活塞杆固定的空心双出杆液压缸。它的进、出油可以通过空心的活塞杆输入和流出液压缸。使用软管连接时，进、出油口亦可布置在缸体的两端。缸体移动时输出的推力和速度都和缸体固定式相同，但这种安装形式使工作台移动的范围为缸体有效行程的 2 倍，故占地面积小。请读者注意：这两种形式的双出杆液压缸由于固定的部位不同，在以同样的方向输入液压油时，其运动方向正好相反。

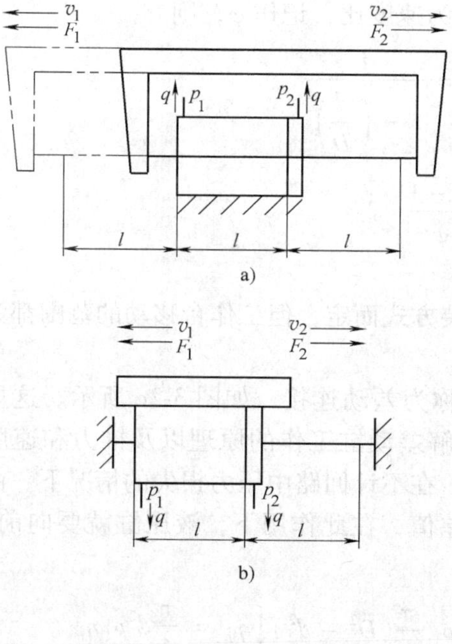

图 3-1 双出杆活塞缸

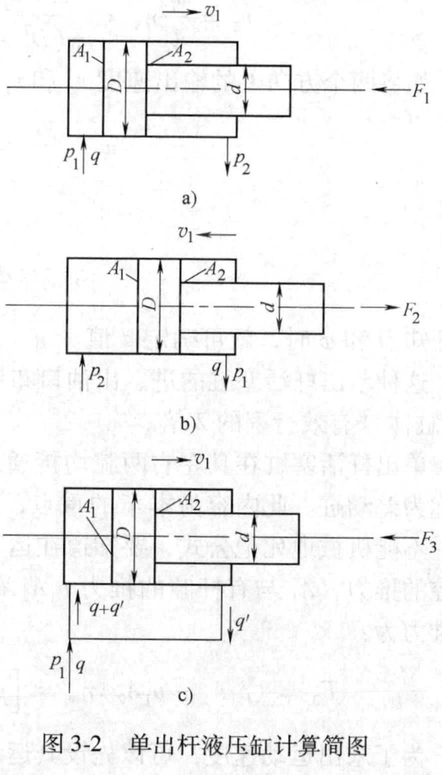

图 3-2 单出杆液压缸计算简图

双出杆液压缸在工作时，由于一个活塞杆是受拉的，而另一个活塞杆不受力，因此这种液压缸的活塞杆可以做得细些。

这两种液压缸其结构上除进、出油口布置不同外，其他方面诸如密封、缸体与缸盖的连接、活塞杆与活塞的连接等都基本相似。

（二）单出杆液压缸的结构

单出杆液压缸的特点：仅在液压缸的一腔中有活塞杆，使缸两腔的有效面积不相等。活塞杆直径越大，有效面积相差就越大，因而当压力油以相同的压力和流量分别进入液压缸的两腔时，活塞（或缸）在两个方向上的推力、速度都不相等，如图 3-2 所示。

图 3-2a 中：

$$\left.\begin{aligned} F_1 &= (p_1A_1 - p_2A_2)\eta_m = \frac{\pi}{4}[(p_1-p_2)D^2 + p_2d^2]\eta_m \\ \text{若 } p_2 &= 0, F_1 = \frac{\pi}{4}D^2p_1\eta_m \\ v_1 &= \frac{q}{A_1}\eta_V = \frac{4q}{\pi D^2}\eta_V \end{aligned}\right\} \tag{3-3}$$

图 3-2b 中：

$$\left.\begin{aligned} F_2 &= (p_1A_2 - p_2A_1)\eta_m = \frac{\pi}{4}[(p_1-p_2)D^2 + p_1d^2]\eta_m \\ \text{若 } p_2 &= 0, F_2 = \frac{\pi}{4}(D^2-d^2)p_1\eta_m \\ v_2 &= \frac{q}{A_2}\eta_V = \frac{4q}{\pi(D^2-d^2)}\eta_V \end{aligned}\right\} \tag{3-4}$$

如将两个方向上的输出速度 v_2 和 v_1 的比值称为速度比，记作 φ，则

$$\varphi = \frac{v_2}{v_1} = \frac{D^2}{D^2-d^2} = \frac{1}{1-\left(\frac{d}{D}\right)^2} \tag{3-5}$$

$$d = D\sqrt{\frac{\varphi-1}{\varphi}} \tag{3-6}$$

在已知 D 和 φ 时，就可确定 d 值。

这种单出杆活塞缸的进、出油口布置视其安装方式而定，但工作台移动的范围都为活塞（或缸体）有效行程的 2 倍。

单出杆活塞缸在其左右两腔均接通压力油时称为差动连接，如图 3-2c 所示。这里液压缸称为差动缸。此内容为本章的重点，要正确理解差动缸工作的原理以及推力和速度的计算，不能机械地死记公式，要知道在运动方向上，在不计回路中压力损失的情况下，由于无杆腔的推力 p_1A_1 与有杆腔的推力 p_1A_2 存在一个差值，在此作用下，液压缸就要向前运动，其推力为：

$$F_3 = (p_1A_1 - p_1A_2)\eta_m = \left[p_1\frac{\pi}{4}D^2 - p_1\frac{\pi}{4}(D^2-d^2)\right]\eta_m = \frac{\pi}{4}d^2p_1\eta_m \tag{3-7}$$

为了求出运动速度，可以先设其运动速度为 v_3，因而进入无杆腔的流量应为 A_1v_3，则从有杆腔排出的流量为 $q=A_2v_3$，由液压泵提供的流量为 q，根据流量连续性方程，流入交汇

点的流量应等于流出交汇点的流量（当回路效率等于1时），即

$$q_{\eta V} + q' = A_1 v_3$$

$$q\eta_V + A_2 v_3 = A_1 v_3$$

$$v_3 = \frac{q\eta_V}{A_1 - A_2} = \frac{q\eta_V}{\frac{\pi}{4}D^2 - \frac{\pi}{4}(D^2 - d^2)} = \frac{4q\eta_V}{\pi d^2} \tag{3-8}$$

由式（3-8）可知，v_3 等于液压泵提供的流量与活塞杆面积的比值，这是大多数读者较难理解的一个地方。我们可以设想如图3-3所示的液压缸在差动连接条件下运动了距离 l，则在无杆腔内所需提供的油液容积为 $l\frac{\pi}{4}D^2$，而这部分容积可以看成是 $\left[l\frac{\pi}{4}(D^2-d^2)+l\frac{\pi}{4}d^2\right]$，其中 $l\frac{\pi}{4}(D^2-d^2)$ 为有杆腔在行程 l 所排出液体的容积，由于有杆腔排出的液体经过连接管道与液压泵提供的流量交汇后供入无杆腔，所以在无杆腔所需的油液容积中，只有 $l\frac{\pi}{4}D^2$ 部分需液压泵提供。

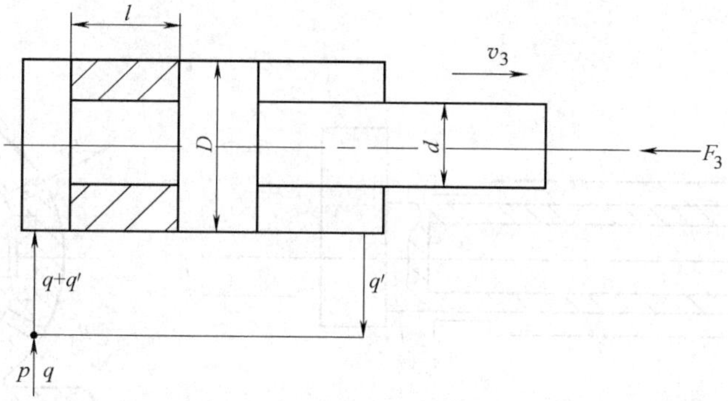

图3-3　差动连接流量示意图

差动液压缸常应用于需要快进、工进和快退运动的组合机床液压传动系统中，若要求 $v_2 = v_3$，则由以上关系式可以得到 $D = \sqrt{2}d$。

（三）无杆液压缸

无杆液压缸又称齿条活塞缸，它由两个柱塞缸和一套齿条齿轮传动装置组成，如图3-4所示

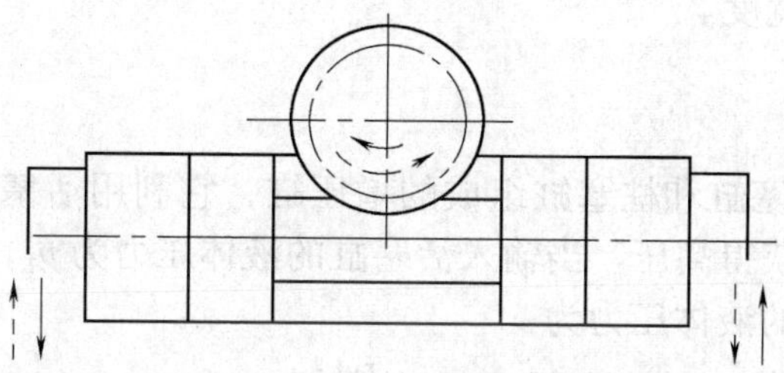

图3-4　齿条齿轮液压缸

该装置可将柱塞的直线往复运动经过齿条齿轮机构转变为回转运动，这类缸常用于机械手、磨床的进给机构、回转工作台的转位机构和回转夹具等。

二、柱塞式液压缸

柱塞式液压缸只能实现单向运动，反向运动要靠外力，机械制造装备上常成对反向布置使用，垂直安装时可靠自重或外界弹簧力使其返回。这种液压缸的特点是柱塞与缸体不接触，运动时由缸盖上的导向套来导向，因此缸体的内壁不须精加工，它特别适用在行程较长的场合，其推力和速度（如图 3-5 所示）为：

$$\left.\begin{aligned} F &= pA\eta_m = \frac{\pi}{4}d^2 p\eta_m \\ v &= \frac{q}{A}\eta_V = \frac{4q}{\pi d^2}\eta_V \end{aligned}\right\} \tag{3-9}$$

三、摆动式液压缸

摆动式液压缸，又称摆动式液压马达、回转液压缸等。它把油液的压力能转变为摆动运动的机械能。常用的摆动式液压缸有单叶片式和双叶片式两种。这类液压缸是靠其转子的回转来传递力和运动的，输出为周期性的回转运动，其回转角度小于 300°，一般常用于送料夹紧、工作台回转、液压驱动机械手手腕的旋转等场合，这种缸输出的转矩和角速度（如图 3-6 所示）为：

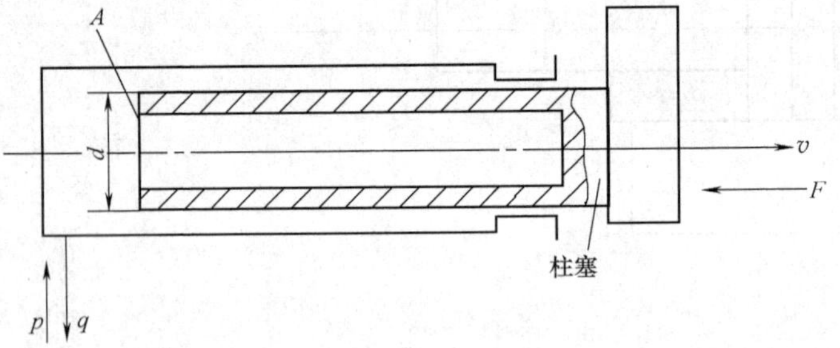

图 3-5 柱塞缸

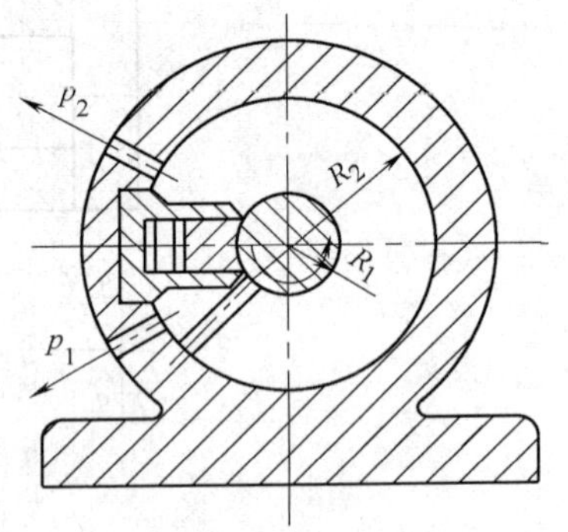

图 3-6 摆动缸

$$\left.\begin{aligned} T &= b\int_{R_1}^{R_2}(p_1 - p_2)r\mathrm{d}r\eta_m = \frac{b}{2}(R_2^2 - R_1^2)(p_1 - p_2)\eta_m \\ \omega &= 2\pi n\eta_V = \frac{2q}{b(R_2^2 - R_1^2)}\eta_V \end{aligned}\right\} \tag{3-10}$$

式（3-10）中 b 为叶片宽度。

四、其他液压缸

（一）增压缸

图 3-7a 是一种由活塞缸和柱塞缸组成的增压缸，它利用活塞和柱塞有效面积之差来使液压系统中的局部区域获得高压。当输入活塞缸的液体压力为 p_1，活塞直径为 D，柱塞直径为 d 时，柱塞缸中输出的液体压力为：

$$p_s = \left(\frac{D}{d}\right)^2 p_1\eta_m \tag{3-11}$$

请读者注意，使用两只单出杆活塞液压缸，也可在第二级活塞上获得一个较高的压力和较大的推力，如图 3-7b 所示，可得

$$p_2 = \frac{p_1 \dfrac{\pi}{4} D_1^2 \eta_{m1}}{\dfrac{\pi}{4}(D_1^2 - d_1^2)} = p_1 \frac{D_1^2}{D_1^2 - d_1^2} \eta_{m1}$$

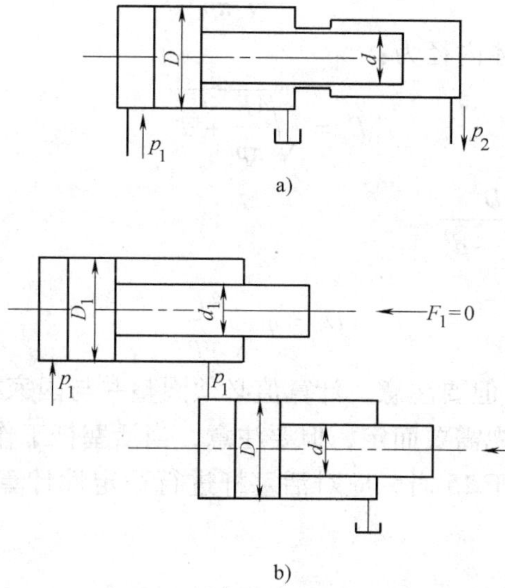

图 3-7　增压缸

在第二级上产生的推力：

$$F = p_2 \frac{\pi}{4} D_2^2 \eta_{m2} = p_1 \left(\frac{D_1^2}{D_1^2 - d_1^2} \right) \frac{4}{\pi} D_2^2 \eta_{m1} \eta_{m2} \tag{3-12}$$

（二）伸缩缸

伸缩缸是由两个或多个活塞缸套装而成的，前一级活塞缸的活塞即为后一级活塞缸的缸体，伸出时可获得很长的工作行程，缩回时可保持很小的结构尺寸（主要指长度方面），一般用于汽车起重机和高层建筑的垂直升降装置。该缸的特点是在供油压力和流量不变的情况下，伸出速度一级比一级快，而推力一级比一级小。其第 i 级的推力和速度为：

$$\left.\begin{aligned} F_1 &= p_1 \frac{\pi}{4} D_1^2 \eta_{m1} \\ v_1 &= \frac{4q}{\pi D_1^2} \eta_{V1} \end{aligned}\right\} \tag{3-13}$$

第三节　液压缸主要尺寸的确定

液压缸主要尺寸的确定是液压缸设计和计算中一个重要环节，它包括液压缸的内径 D、活塞杆直径 d、缸体的长度 L 和活塞杆的长度 l 等。以上尺寸的确定主要取决于所需设计的

液压缸应当承担的负载、运动速度和行程长度等。而在设计中首先必须确定工作压力。

工作压力的大小应根据不同类型的设备和用途而确定，一般来说机械制造装备行业多为中低压，而工程机械、冶金机械、锻压机械等多为中高压和高压。在设计时要参考有关资料选择合适的压力范围。压力一旦确定以后，则根据所需液压缸的推力 F 就可确定液压缸的有关尺寸。对于单出杆液压缸无杆腔工作时其缸体内径为：

$$D = \sqrt{\frac{4F}{\pi p}} \tag{3-14}$$

对于双出杆液压缸其缸体内径为：

$$D = \sqrt{\frac{4F}{\pi p} + d^2} \tag{3-15}$$

若往返速比为 φ，$\varphi = \dfrac{D^2}{D^2 - d^2}$

则
$$D = \varphi\sqrt{\frac{4F}{\pi p}}$$

由此可以计算出 D，d，但要注意，计算值必须圆整并与国家标准所规定的尺寸相符。

液压缸和活塞杆的长度视需要而定，但要注意，当活塞杆工作过程中处于受压状态且活塞杆长度与活塞直径之比大于 15 时，应对活塞杆进行稳定性计算。缸体的壁厚用材料力学中的有关知识进行校核。

第四节　液压缸的结构设计

液压缸的结构设计主要是指液压缸的密封、活塞与活塞杆的连接、液压缸体与缸盖的连接、液压缸的缓冲和排气等。

活塞杆和活塞的连接以及缸体与缸盖的连接方式要视具体情况而定，在学习的过程中要能理解各种连接的原理，力的传递以及为何能连接，各种不同的连接方式有何不同之处，各又有何特点。

液压缸对密封的要求：在一定的工作压力下具有良好的密封性。因而要正确理解教材中所列的几种密封方式的性能、密封机理、适用场合，以致能合理选用。尤其要注意的是 O 型密封圈的预压缩量，Y 型密封圈、V 型密封圈的工作方向及唇边受力等问题，要关注组合密封的发展方向。

要理解液压缸中缓冲装置的工作原理是利用活塞或缸体在其行程终端时被封在活塞和缸盖之间的一部分油液被强迫从小孔或细缝中挤出，产生很大的阻力，使工作部件受到制动且逐渐减慢运动速度，达到避免活塞和缸盖相互撞击的目的。液压缸中常用的缓冲装置有固定节流式、节流口可调式和节流口变化式三种。

要理解液压缸的排气的目的是由于油液中混入的空气或液压缸长期不用时外界侵入的空气都积聚在缸内最高部位处，影响液压缸运动的平衡性——低速时引起爬行，起动时造成冲击，换向时精度降低等。解决的方法是在缸体的最高部位处开置排气孔或安放排气塞，在开始工作前先进行排气。

第五节 例题与部分习题解答

例 3-1 如图 3-8 所示为定量液压泵和定量液压马达系统。泵输出压力 $p_p=10\text{MPa}$，排量 $V_p=10\text{mL/r}$，转速 $n_p=1450\text{r/min}$，机械效率 $\eta_{mp}=0.9$，容积效率 $\eta_{Vp}=0.9$，马达排量 $V_M=10\text{mL/r}$，机械效率 $\eta_{mM}=0.9$，容积效率 $\eta_{VM}=0.9$，泵出口和马达进口间管道压力损失 0.2MPa，其他损失不计，试求：

1）泵的输出功率。

2）泵的驱动功率。

3）马达输出转速、转矩和功率。

解：1）泵的输出功率

$$p_{p出}=p_pV_pn_p\eta_{VP}=10\times10^6\times10\times10^{-6}\times(1450/60)\times0.9\text{W}=2.175\text{kW}$$

2）泵的驱动功率

$$p_{驱}=\frac{p_{P出}}{\eta_{mp}\eta_{VP}}=\frac{2.175}{0.9\times0.9}\text{kW}=2.685\text{kW}$$

3）马达输出转速

$$n_M=\frac{V_Pn_p\eta_{VP}}{V_M}\times\eta_{VM}=\frac{10\times1450\times0.9}{10}\times0.9\text{r/min}=1174.5\text{r/min}$$

马达输出转矩

$$T_M=\frac{P_{M出}}{2\pi n_M}=\frac{1726.5}{2\times\pi\times(1174.5/60)}\text{N}\cdot\text{m}=14.04\text{N}\cdot\text{m}$$

马达输出功率

$$\begin{aligned}P_{M出}&=p_pV_pn_p\eta_{VP}\eta_{mM}\eta_{VM}\\&=9.8\times10^6\times10\times10^{-6}\times(1450/60)\times0.9\times0.9\times0.9\text{W}=1726.5\text{W}\end{aligned}$$

例 3-2 如图 3-9 所示系统，液压泵和液压马达的参数如下：泵的最大排量 $V_{pmax}=115\text{mL/r}$，转速 $n_p=1000\text{r/min}$，机械效率 $\eta_{mp}=0.9$，总效率 $\eta_p=0.84$；马达的排量 $V_M=148\text{mL/r}$，机械效率 $\eta_{mM}=0.9$，总效率 $\eta_M=0.84$，回路最大允许压力 $p_r=8.3\text{MPa}$，若不计管道损失，试求：

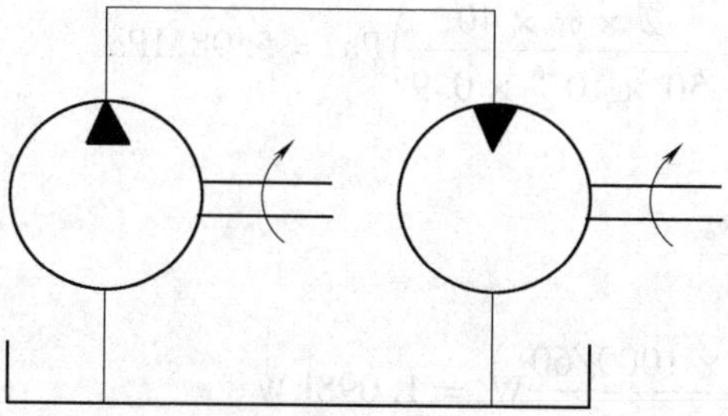

图 3-8 定量液压泵及定量液压马达

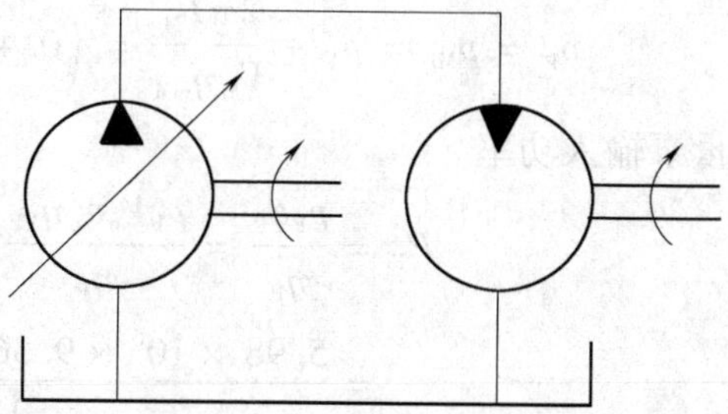

图 3-9 液压泵及液压马达

1）液压马达最大转速及该转速下的输出功率和输出转矩。

2）驱动液压泵所需的转矩。

解：1）液压泵的容积效率 $\eta_{VP}=\dfrac{\eta_P}{\eta_{mP}}=\dfrac{0.84}{0.9}=0.933$

液压马达的容积效率 $\eta_{VM}=\dfrac{\eta_M}{\eta_{mP}}=\dfrac{0.84}{0.9}=0.933$

液压马达最大转速

$$n_{M\max}=\frac{q}{V_M}\eta_{VM}=\frac{V_P n_p \eta_{VP}\eta_{VM}}{V_M}$$
$$=\frac{115\times10^{-6}\times1000\times0.933\times0.933}{148\times10^{-6}}\text{r/min}=676.4\text{r/min}$$

液压马达输出功率

$$P_{MO}=P_r q_{p\max}\eta_M=P_r V_p n_p \eta_{VP}\eta_M$$
$$=8.3\times10^6\times115\times10^{-6}\times(1000/60)\times0.933\times0.84\text{W}=12.47\text{kW}$$

液压马达输出转矩

$$T_{MO}=\frac{P_{MO}}{2\pi n_M}=\frac{12.47\times10^3}{2\times\pi\times676.4/60}\text{N}\cdot\text{m}=176\text{N}\cdot\text{m}$$

2）驱动液压泵所需转矩

$$T_{Pi}=\frac{P_r V_P}{2\pi\eta_{mP}}=\frac{8.3\times10^6\times115\times10^{-6}}{2\times\pi\times0.9}\text{N}\cdot\text{m}=168.88\text{N}\cdot\text{m}$$

例 3-3 如图 3-10 所示为变量液压和定量液压马达系统，低压辅助液压泵输出压力 $p_Y=0.4\text{MPa}$，变量泵最大排量 $V_{P\max}=100\text{mL/r}$，转速 $n_p=1000\text{r/min}$，容积效率 $\eta_{VP}=0.9$，机械效率 $\eta_{mp}=0.85$。马达的相应参数为 $V_M=50\text{mL/r}$，$\eta_{VM}=0.95$，$\eta_{mM}=0.9$。不计管道损失，试求当马达的输出转矩为 $T_M=40\text{N}\cdot\text{m}$、转速为 $n_M=160\text{r/min}$ 时，变量泵的排量、工作压力和输入功率。

解：变量泵排量

$$V_p=\frac{q_P}{n_p\eta_{VP}}=\frac{q_M}{n_p\eta_{VP}}=\frac{n_M V_M}{n_p\eta_{VP}\eta_{VM}}=\frac{160\times50}{1000\times0.9\times0.95}\text{mL/r}$$
$$=9.36\text{mL/r}$$

变量泵工作压力等于马达进口压力，即

$$p_P=p_{Mi}=p_Y+\frac{2\pi T_M}{V_M\eta_{mM}}=\left(0.4\times10^6+\frac{2\times\pi\times40}{50\times10^{-6}\times0.9}\right)\text{Pa}=5.98\text{MPa}$$

变量泵输入功率

$$P_{Pi}=\frac{p_P q_P}{\eta_P}=\frac{p_P V_p n_p \eta_{VP}}{\eta_P}=\frac{p_P V_p n_p}{\eta_{mP}}$$
$$=\frac{5.98\times10^6\times9.36\times10^{-6}\times1000/60}{0.85}\text{W}=1.098\text{kW}$$

例 3-4 如图 3-11 所示，已知泵的流量 $q=10\text{L/min}$，工进速度 $v_1=0.5\text{m/min}$，工进速度 $v_1=0.5\text{m/min}$，快进和快退的速比为$v_3/v_2=3/2$，试求：

1）缸两腔的有效面积及快进和快退的速度。

2）通过换向阀的最大流量。

解：1）缸两腔的有效面积：

$$A_1 = \frac{q}{v_1} = \frac{10 \times 10^{-3}}{0.5}\text{m}^2 = 2 \times 10^{-2}\text{m}^2 = 200\text{cm}^2$$

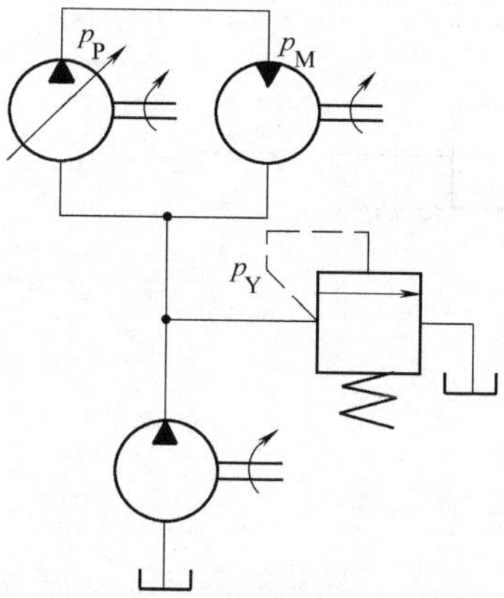

图 3-10　变量液压和定量液压马达系统

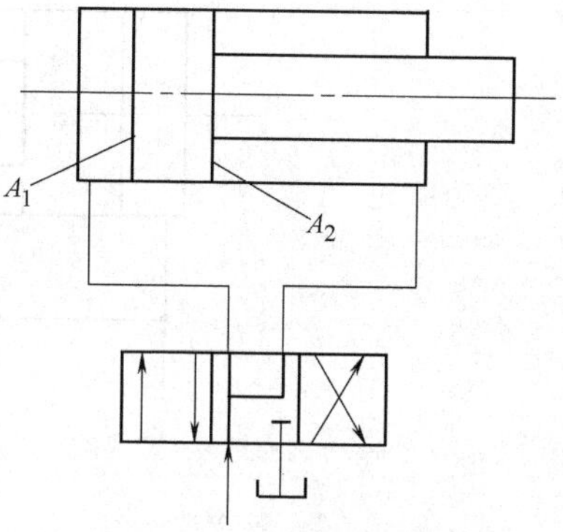

图 3-11　液压缸及换向阀

快进速度和快退速度：

因为
$$v_3 = \frac{q}{A_1 - A_2}（差动连接）$$

$$v_2 = \frac{q}{A_2}$$

由已知可得
$$\frac{v_3}{v_2} = \frac{3}{2}$$

则
$$\frac{v_3}{v_2} = \frac{\dfrac{q}{A_1 - A_2}}{\dfrac{q}{A_2}} = \frac{A_2}{A_1 - A_2} = \frac{3}{2}$$

$$A_2 = \frac{3}{5}A_1 = \frac{3}{5} \times 200\text{cm}^2 = 120\text{cm}^2$$

由此解得
$$v_3 = \frac{10 \times 10^{-3}}{(200 - 120) \times 10^{-4}}\text{m/min} = 1.25\text{m/min}$$

$$v_2 = \frac{10 \times 10^{-3}}{120 \times 10^{-4}}\text{m/min} = 0.838\text{m/min}$$

2）快进时，通过换向阀的最大流量为泵流量与液压缸有杆腔输出流量之和

$$q_3 + q + v_3A_3q_3 = 10 + 12.5 \times 120 \times 10^{-2}\text{L/min} = 25\text{L/min}$$

快退时回油路通过换向阀的流量

$$q_2 = v_2A_1q_2 = 8.38 \times 120 \times 10^{-2}\text{L/min} = 16.76\text{L/min}$$

差动快进时，通过换向阀的流量为最大值，这一定要引起重视。

例 3-5 差动液压缸如图 3-12 所示，若无杆腔面积 $A_1=50\text{cm}^2$，有杆腔面积 $A_2=25\text{cm}^2$，负载 $F=27.6\times10^3\text{N}$，机械效率 $\eta_m=0.92$，容积效率 $\eta_V=0.95$，试求：1）供油压力大小；2）当活塞以 0.95m/min 的速度运动时所需的供油量；3）液压缸的输入功率。

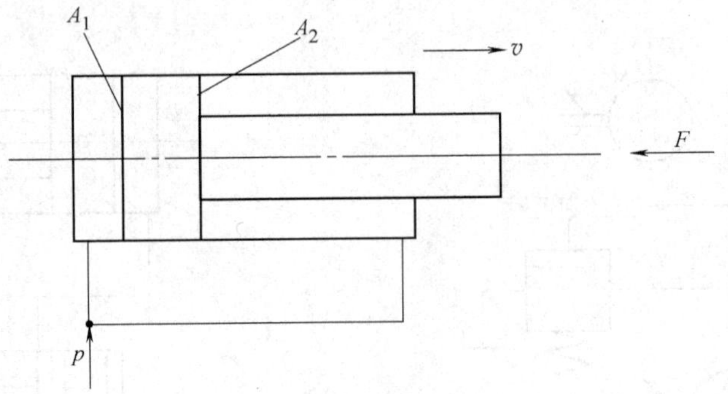

图 3-12 差动液压缸

解：1）供油压力 p

$$p=\frac{F}{(A_1-A_2)\eta_m}=\frac{27.6\times10^3}{(50-25)\times10^{-4}\times0.92}\text{N/m}^2=120\times10^5\text{N/m}^2$$

2）所需供油量

$$q=\frac{(A_1-A_2)v}{\eta_V}=\frac{(50-25)\times10^{-2}\times0.95\times10}{0.95}\text{L/min}=2.5\text{L/min}$$

3）液压缸的输入功率

$$P=\frac{Fv}{\eta_m\eta_V}=pq=120\times10^5\times\frac{2.5\times10^{-3}}{60}\text{W}=500\text{W}$$

解答本题的关键就是要正确应用在差动连接条件下的计算公式，公式中面积应是液压缸两腔的面积差（A_1-A_2）。

例 3-6 单杆活塞液压缸承受压力 $55\times10^3\text{N}$ 的负载，假定选择缸体内径 $D=100\text{mm}$，采用两端铰接安装方式（即 $\mu=1$），计算长度 $l=1500\text{mm}$，液压缸工作压力 $p_1=8.0\text{MPa}$，若活塞杆采用 45 钢，其直径应选多大可使液压缸稳定移动？

解：首先需核算液压缸的推力。

因为 $p_1=8.0\text{MPa}$（中低压），故取 $d=0.7D=70\text{mm}$，假设液压缸背压力为 $p_2=0.3\text{MPa}$，液压缸的机械效率 $\eta_m=0.95$，则推力 F 为

$$F=\frac{\pi}{4}[p_1D^2-p_2(D^2-d^2)]\eta_m$$

$$=\frac{\pi}{4}[80\times10^5\times0.1^2-3\times10^5\times(0.1^2-0.07^2)]\times0.95\text{N}$$

$$=58.549\times10^3\text{N}>55\times10^3\text{N}$$

液压缸推力满足要求。

校核活塞杆强度，对 45 钢，取许用应力 $[\sigma]=10^8\text{Pa}$，则活塞杆的最小直径 $d_{\min}$ 为：

$$d_{\min}=\sqrt{\frac{4F}{\pi[\sigma]}}=\sqrt{\frac{4\times55\times10^3}{\pi\times10^8}}\text{m}=26.5\times10^{-3}\text{m}$$

由于 26.5mm≫70mm，故活塞杆强度满足要求。

又因 $l/d=1500/70>10$，所以要进行稳定性校核柔性系数。

$$\lambda=\frac{\mu l}{i}=\frac{1\times1300}{\dfrac{70}{4}}=85.7$$

查表，对于 45 钢，$\lambda_1=82.3$，故 $\lambda>\lambda_1$，按欧拉公式校核，计算临界 p_K

$$p_K=\frac{\pi^2EI}{\mu l}=\frac{\pi^2\times20.59}{1\times1.5}\times\frac{\pi}{4}\times70^2\times10^{-6}\times\left(\frac{70\times10^{-3}}{4}\right)^2\text{N}$$

$$=33.88\times10^4\text{N}$$

$$p_K/p=33.88\times10^4/55\times10^3=6.16>(2\sim4)$$

故液压缸活塞杆具有稳定性。

例 3-7（习题 3-3）　如图 3-13 所示两个结构和尺寸均相同相互串联的液压缸，无杆腔面积 $A_1=1\times10^{-2}\text{m}^2$，有杆腔面积 $A_2=0.8\times10^{-2}\text{m}^2$，输入油压力 $p=0.9\text{MPa}$，输入流量 $q_1=12\text{L/min}$。不计损失和泄漏，试求：

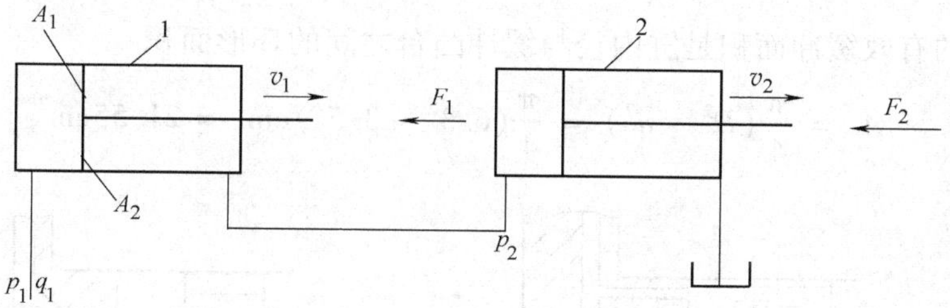

图 3-13　串联液压缸

1）两缸承受相同负载时（$F_1=F_2$），负载和速度各为多少？

2）缸 1 不受负载时（$F_1=0$），缸 2 能承受多少负载？

3）缸 2 不受负载时（$F_2=0$），缸 1 能承受多少负载？

解：1）当 $F_1=F_2$ 时 $p_1A_1=F_1+p_2A_2$，$p_2A_1=F_2$

所以
$$p_2=\frac{p_1A_1}{A_1+A_2}=\frac{0.9\times1\times10^{-2}}{(1+0.8)\times10^{-2}}\text{MPa}=0.5\text{MPa}$$

负载
$$F_1=F_2=p_2A_1=0.5\times10^6\times1\times10^{-2}=5000\text{N}$$

速度
$$v_1=\frac{q_1}{A_1}=\frac{12\times10^{-3}/60}{1\times10^{-2}}\text{m/s}=0.02\text{m/s}$$

$$v_2=\frac{A_2v_1}{A_1}=\frac{0.8\times10^{-2}}{1\times10^{-2}}\times0.02\text{m/s}=0.016\text{m/s}$$

2）当 $F_1=0$ 时 $p_1A_1=p_2A_2$，$p_2A_1=F_2$

所以负载 $F_2 = \dfrac{A_1^2}{A_2}p_1 = \dfrac{(1\times10^{-2})^2}{0.8\times10^{-2}}\times0.9\times10^6\text{N} = 11250\text{N}$

速度 $v_1 = \dfrac{q_1}{A_1} = 0.02\text{m/s}, v_2 = \dfrac{A_2}{A_1}v_1 = 0.016\text{m/s}$

3）当 $F_2 = 0$ 时

负载 $F_1 = p_1A_1 = 0.9\times10^6\times1\times10^{-2}\text{N} = 9000\text{N}$

速度 $v_1 = \dfrac{q_1}{A_1} = 0.02\text{m/s}, v_2 = \dfrac{A_2}{A_1}v_1 = 0.016\text{m/s}$

例 3-8 如图 3-14 所示的是两个液压缸缓冲结构的原理图，缸水平放置，运动部件总的摩擦阻力（包括密封件阻力）$F_f = 1430\text{N}$，缸径 $D = 63\text{mm}$，工作部件（包括活塞杆）的质量 $m = 250\text{kg}$，缓冲凸台直径 $d = 35\text{mm}$，油缸进口压力 $P = 10.0\text{MPa}$，缓冲长度 $l = 10\text{mm}$，缓冲前液压缸运动速度 $v = 0.64\text{m/s}$，试求：1）图 3-14a 和图 3-14b 两种方案中哪一个缓冲压力高？2）图 3-14b 所示的缓冲腔中的压力 p_c 和最大缓冲压力 p_{cmax}。

解： 1）初看起来，这两种方案似乎没有多大区别，实际上它们之间的不同点就在受力的面积不相等上。

图 3-14a 的有效缓冲面积即为缓冲凸台的面积

$$A_1 = \frac{\pi}{4}d^2 = \frac{\pi}{4}\times3.5^2\text{cm}^2 = 9.62\text{cm}^2$$

图 3-14b 的有效缓冲面积是缸内径与缓冲凸台之间的环形面积

$$A_2 = \frac{\pi}{4}(D^2 - d^2) = \frac{\pi}{4}(6.3^2 - 3.5^2)\text{cm}^2 = 21.55\text{cm}^2$$

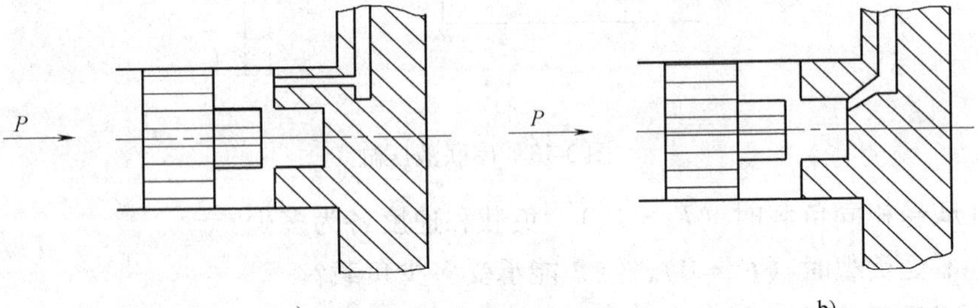

图 3-14 液压缸缓冲活动

因为 $A_1 < A_2$，当其他条件均相同时，图 3-14a 的方案冲击压力高，因而要尽量选择图 3-14b 所示的缓冲方案。

2）活塞压油腔有效工作面积

$$A_1 = \frac{\pi}{4}D^2 = \frac{\pi}{4}\times6.3^2\text{cm}^2 = 31.17\text{cm}^2$$

作用在活塞上的液压能

$$E_p = pAl = 100\times10^5\times31.17\times10^{-4}\times10\times10^{-3}\text{N}\cdot\text{m} = 311.7\text{N}\cdot\text{m}$$

运动部件所具有的动能

$$E_v = \frac{1}{2}mv^2 = \frac{1}{2} \times 250 \times (0.64)^2 \text{N} \cdot \text{m} = 51.2\text{N} \cdot \text{m}$$

作用于反方向的摩擦能

$$E_f = F_f l = 1430 \times 10 \times 10^{-3} \text{N} \cdot \text{m} = 14.3\text{N} \cdot \text{m}$$

则工作部件产生的总的机械能

$$E = E_p + E_v - E_f = (311.7 + 51.2 - 14.3)\text{N} \cdot \text{m} = 348.6\text{N} \cdot \text{m}$$

设工作部件的机械能全部被缓冲腔液体所吸收，则图 3-14b 缓冲腔的平均缓冲压力为

$$p_c = \frac{E}{A_2 l} = \frac{348.9}{21.55 \times 10^{-4} \times 10 \times 10^{-3}}\text{Pa} = 16.19\text{MPa}$$

最大缓冲压力（即冲击压力）

$$p_{cmax} = p_c + \frac{mv^2}{2A_2 l} = p_c + \frac{E_v}{A_2 l} = \left(161.9 \times 10^5 + \frac{51.2}{21.55 \times 10^{-4} \times 10 \times 10^{-3}}\right)\text{Pa} = 18.566\text{MPa}$$

因而，最大缓冲压力远大于工作压力。

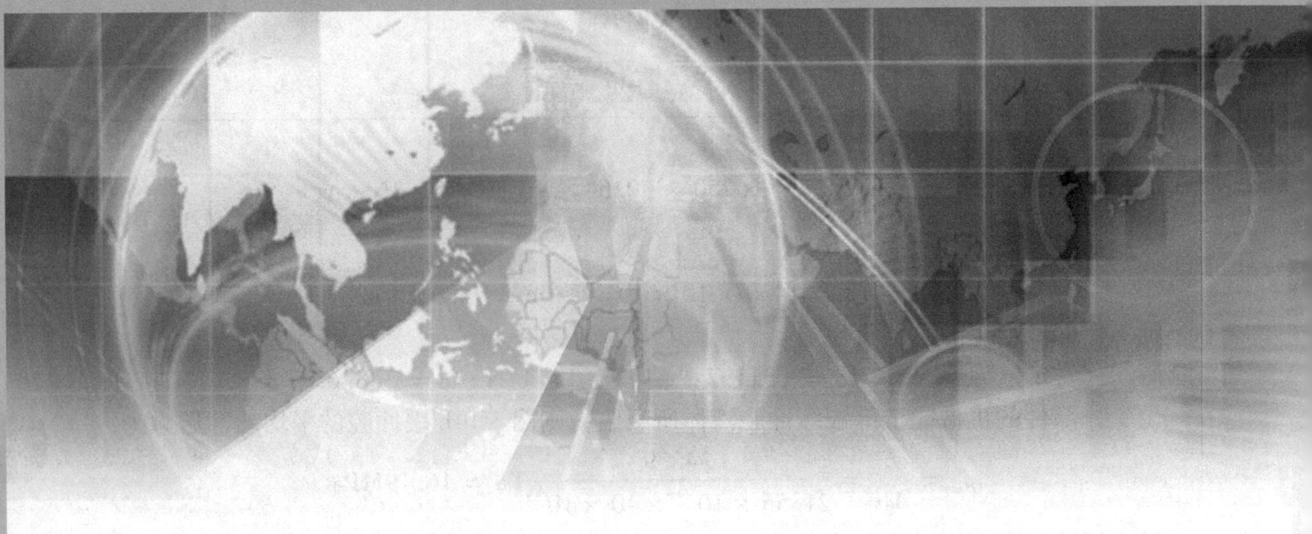

第四章

液压控制阀

液压控制阀用来控制或调节液压系统中油液的流动方向、压力和流量，以满足机械设备工作性能的要求。按其用途可分为方向控制、压力控制和流量控制三大类。尽管液压阀的类型各不相同，但它们之间存在着共性，在结构上所有阀都由阀体、阀芯和驱使阀芯动作的元部件（如弹簧、电磁铁）等组成。在工作原理上所有阀的阀口大小、进出油口间的压差以及流经阀的流量之间的关系都符合孔口流量公式，仅是各种阀的控制参数各不相同而已。如压力阀控制的是压力，流量控制阀控制的是流量，等等。在学习中一定要抓住它们的共同点正确理解工作原理，搞清楚阀的内部结构，了解和掌握其图形符号。

本章重点：

1）三位四通电磁换向阀和电液换向阀的工作原理。

2）溢流阀的流量压力特性及溢流阀的应用。

3）流量阀中节流口的流量特性。

4）调速阀的工作原理。

本章难点：

1）换向阀的中位机能。

2）直动式溢流阀和先导式溢流阀的工作性能和流量压力特性的比较。

3）减压阀的工作原理及应用。

第一节　方向控制阀

方向控制阀通过控制阀芯的移动来改变油液流动方向、接通或关闭油路，从而控制执行元件的运动方向，它主要有单向阀和换向阀两大类。

一、单向阀

普通单向阀只允许油液在一个方向流动，不允许它反向流动。普通单向阀中的弹簧主要用来克服阀芯运动时的摩擦阻力和惯性力，因而弹簧的刚度较小，而作为背压用的单向阀就必须使用刚度较大的弹簧。

液控单向阀是在普通单向阀的基础上改进而成的。它在控制口不通控制压力油的情况下，与普通单向阀作用完全一样；而在接通压力油后，则可以使油液反向流动。读者要理解其工作原理，可结合实际理解双向液压锁的工作原理及应用。

二、换向阀

换向阀利用阀芯对于阀体的相对运动，使油路接通、关闭或变换油液流动的方向，从而使液压执行元件起动、停止运动或变换运动方向。

换向阀种类很多，按阀芯的结构分有滑阀和转阀两种；按操纵方式分有手动、机动、电动、液动和电液动等多种；按阀芯工作时在阀体内所处的位置分有二位和三位两种；按阀的通路来分，有二通、三通、四通和五通四种。一定要正确理解各种分类方法的特点。下面按阀的操纵方式分别介绍几种典型的换向阀。

（一）机动换向阀

机动换向阀也称行程阀，它必须依靠安装在工作台上的挡铁或凸轮来迫使阀芯移动，从而控制油液的流动方向。在这里读者要了解阀芯是如何受迫移动及移动后的油口是怎样改变连接状态的。同时，还要掌握在工作台速度不变的条件下，为了延长或缩短阀的换向时间，可在挡铁上作些改进。如图 4-1 所示，将挡铁原长 L_1 加长至 L_2 时可延长阀的换向时间，反之亦然。

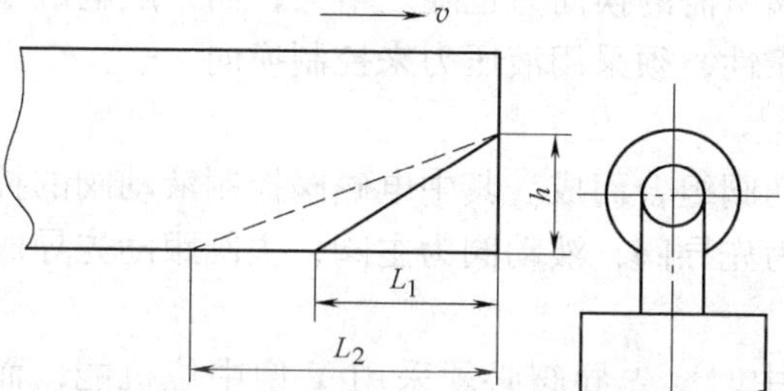

图 4-1 改变机动换向阀换向时间示意图

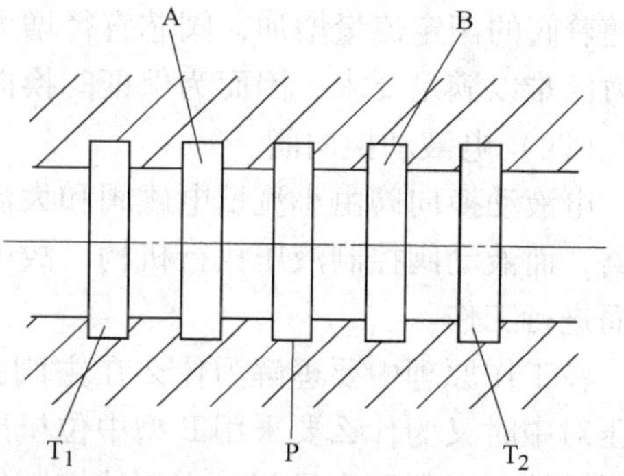

图 4-2 阀体示意图

（二）电磁换向阀

电磁换向阀是利用电磁铁推动滑阀阀芯移动来控制油液流动方向的阀类。电磁换向阀包括滑阀和电磁铁两部分。电磁铁电源有交流和直流之分，交流电磁铁的优点是电源简单方便，起动力大，动作快。其缺点是起动电流大，在阀芯被卡住或吸力不够吸上阀芯时会将电磁铁线圈烧毁；由于动作快，导致换向冲击大，故换向频率不能太高（约 30 次/min）。直流电磁铁不论吸合与否，其电流基本不变，因此不会因阀芯被卡住而烧毁电磁铁线圈，且工作可靠性好，换向冲击也小，换向频率较高（允许 120 次/min，最高可达 240 次/min），但需有专门直流电源。滑阀部分由阀体和阀芯组成。由于阀体和阀芯的结构不同，所以电磁换向阀又有二位和三位，二通、三通、四通和五通之分。所谓“位”是指阀在工作中的状态。二位阀就有两个工作状态，三位阀就有三个工作状态。所谓“通”是指阀在某一个工作状态下的油口数。三通即表示有三个油口在工作，而对于同一个阀来说，它在任何一个工作状态下，它的通路数是相等的，这一点读者要注意理解。

例如，目前使用的中低压系列阀的阀体上共有五个沉割槽，如图4-2所示，它们分别可连接五个通油口，其中：P为压力油口，A、B为接液压执行机构的工作油口，T_1、T_2为回油口。若为四通阀，则在阀体内两回油口连在一起，而与之相配的阀芯结构的不同则构成了三位阀中一个极为重要的特点：阀的中位机能。

所谓中位机能即表示三位阀在常位（中位）时它的各油口的内部接通情况，不同的中位机能使阀在常位条件下具有不同的控制机能，要正确理解O、H、Y、P、M五种常用中位机能的原理，要注意利用对O型中位机能阀芯台阶的长度进行修改可得到多种需要的中位机能这一特性。

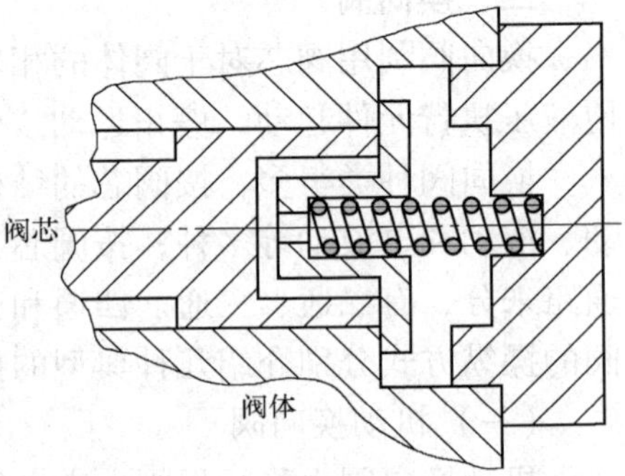

图4-3　阀芯对中原理

在了解三位阀的结构时，要注意三位阀的阀芯在阀体内是如何保证对中的，其原因就是由于阀芯两端的弹簧刚度和预压力不可能完全相同，因而对阀芯的作用力也就不一定相等，因此必须借助于阀体使阀芯准确对中（见图4-3）。

（三）液动换向阀

液动换向阀是由阀两端控制压力油来改变阀芯位置的换向阀。其结构基本上与三位电磁换向阀相似。只是将电磁铁换成液压控制而已。但读者要理解为什么要采用液控？其原因在于随着阀的额定流量增加，阀芯直径增大，滑阀所需的换向力也随之增大，而一般电磁铁的推力已难以满足要求，因而为保证阀换向的可靠性，须采用液压力来控制换向。

（四）电液动换向阀

电液动换向阀由小流量电磁阀和大流量液动阀组合而成。其中电磁阀控制液动阀的控制油路，而液动阀控制液压执行机构，故电磁阀为先导阀，液动阀为主阀，主阀跟随先导阀动作而进行工作。

在工作原理中要理解为什么在主阀弹簧对中时，先导阀必须采用Y型中位机能，而在液压对中时又为什么要采用P型中位机能，且无其他选择。其原因主要是确保主阀对先导阀的跟随性，以保证先导阀对主阀的控制作用。

要正确理解和掌握电液换向阀的结构，尤其要掌握控制油路中两个单向节流阀的作用及其结构，要在理解的基础上掌握图形符号。

（五）手动换向阀

手动换向阀的工作原理较为简单，主要是要理解其结构上的定位方式。

当阀体和阀芯之间相对运动是转动时我们称之为转阀，转阀也按照其工作位置和所控制的通路数来分类。这种阀结构简单、紧凑，但密封性差。设计不当时所需操纵转力很大，为此一般只适用于中低压、小流量的场合，作为先导阀和小型换向阀使用。

第二节 压力控制阀

压力控制阀是利用阀芯上的液压作用力和弹簧力保持平衡的原理来进行工作的，分析它们的工作原理时要紧紧抓住进出油压力、阀芯和弹簧力这三个主要内容。在液压传动系统中使用的压力控制阀主要有溢流阀、减压阀、顺序阀和压力继电器等。

一、溢流阀

溢流阀的结构形式有两种：直动式溢流阀和先导式溢流阀，一般直动式用于低压，而先导式用于中高压、高压。

（一）直动式溢流阀

溢流阀的溢流压力是利用作用在阀芯的进油压力与弹簧力相平衡的原理进行控制的。读者一定要认真理解溢流阀的工作原理，搞清楚作用在阀芯上的诸力以及阀芯在工作过程中的几个不同状态。首先，当进油液压力低于弹簧力（以及阀芯自重和摩擦阻力）时阀口打开，将多余油液排回油箱。由于弹簧力是可以调整的，故溢流阀所控制的系统工作压力也可以调整。当有一定的溢流量通过溢流阀时，阀就必须有一定的开口。此开口相当于一个液阻，油液流经液阻就必然有压力降。实际工作时，溢流阀开口大小是根据通过的流量自动调整的，它使得通过溢流阀的压力降与阀芯上弹簧力相平衡所需压力相等。若系统压力进一步提高，弹簧就进一步被压缩，阀的开口加大，溢流量相应地增加，以维持系统压力基本不变。当溢流量有变化时，弹簧的压缩量也有变化，这样与弹簧力相平衡的压力也稍有变化。由溢流量变化引起压力变化的大小主要取决于阀芯上弹簧的刚度，弹簧刚度越小，压力变化也越小，压力变化的大小反映了溢流阀稳压性能的好坏。从这一点出发，先导式溢流阀的稳压性能好于直动式溢流阀。

（二）先导式溢流阀

在理解溢流阀工作原理时直动式比较容易理解。必须在理解直动式溢流阀的基础上再来理解先导式溢流阀。采用先导式结构其主要原因就是解决溢流阀在大流量和高压情况下使用的矛盾。按直动式阀芯受力平衡方程式 $pA = F_s + F_f$（式中 F_s 为弹簧力，F_f 为摩擦力），欲提高压力（面积不变），就必须增大弹簧刚度，这样势必造成小阀芯、大弹簧的结构。而采用先导阀控制压力，是在弹簧刚度不变的情况下，尽量减小阀芯面积 A 以提高压力 p，此时作用在主阀阀芯上下两端净液压力实际上是控制油液流经主阀芯阻尼小孔的压力降与阀芯面积的乘积，而大流量可以通过主阀芯。先导阀开启后，主阀芯上下两端压力差与阀芯面积的乘积所得到的液压力大于主阀芯上部（刚度较小）弹簧力时，主阀芯开启并溢流，读者一定要搞清楚这个基本的工作原理。主阀芯中的阻尼小孔是阀能正常工作的关键所在，它既不能扩大，也不能堵死。阀的远程控制口可以作为远程调压用，也可以作为（压力）卸荷用，在卸荷时，由于主阀上腔通油箱，而主阀芯弹簧刚度又小，因此主阀芯在很低的压力作用下就会开启，使进出油口接通进行卸荷（千万不能认为主油路通过阻尼小孔而经卸荷口回油箱）。

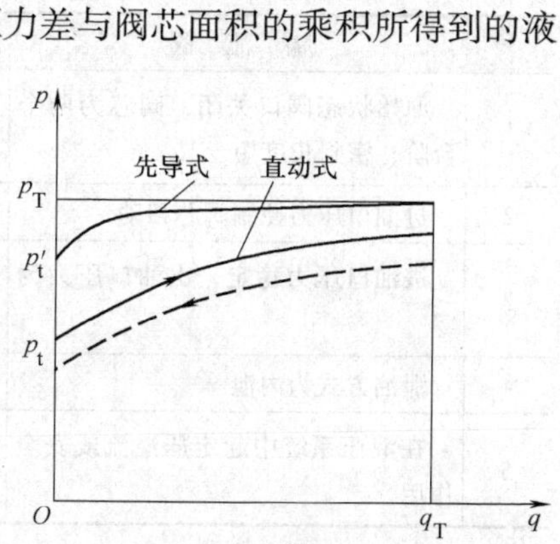

图4-4 溢流阀静特性

在溢流阀的静态特性中读者需要理解溢流阀的启闭特性（见图4-4），要理解溢流阀的开启压力大于闭合压力的原因主要是摩擦力作用的缘故，在开启时摩擦力的方向与净液压力方向相反；而在闭合时，阀芯向下运动，摩擦力的方向与净液压力方向相同，所以造成阀的开启压力大于阀的闭合压力。而当阀口全开时，所有流量全从溢流阀溢流，溢流阀处在调定压力下工作。

Y_1 型、Y_F 型溢流阀的工作原理与 Y 型溢流阀相似，用途也一样，只是在阀芯结构上作了改进，增大主阀芯上下两端的液压力作用面积，主阀控制口采用阀座式密封形式，阀芯移动时便可打开溢流口，因而动作灵敏，压力比较稳定，动态特性也好，但其结构工艺较复杂。溢流阀在定量泵系统中作调压（定压）用；而在变量泵系统中则是作安全阀用；有时也作为背压阀使用。

二、减压阀

读者在理解溢流阀的工作原理后，与其对照着学习减压阀就比较容易了，减压阀的作用是在液压系统中保证某个支路能获得一个比主系统压力低而且较为稳定的压力，要注意只有当主系统压力高于支路所需压力（减压阀调定压力）时，它才能起减压稳压的作用，反之则由负载确定压力。当液压缸运动到端点时，则支路压力为减压阀调定压力，主油路压力是溢流阀调定的压力。减压阀与溢流阀不同之处在于，其进出油口是常开的，而且是靠阀的出口压力与弹簧力相平衡。由于阀在支路上工作，所以它是串联在支路上的。因为出油口为压力油，所以阀的泄油口要采用专门的外泄通道。

三、顺序阀

顺序阀在液压系统中相当于一个开关阀门。当系统压力大于或等于调定压力时，它就开启，否则它就关闭。它的作用与电路中的开关相似。其不同点是它本身的压力降取决于负载压力与主系统的压力差。由于它和减压阀一样也是串联在系统中，出油口为压力油，所以阀的泄油口要有专门的外泄通道。又由于它是靠进口压力来控制阀启闭，所以在依靠进口压力控制阀的工作状态及进出油口在常态下是闭合的这两方面又与溢流阀相似。顺序阀的结构与溢流阀的结构基本相同，但其中远控式（X_Y 型）顺序阀略有差异。顺序阀在系统中主要用于控制液压执行机构的顺序动作（压力顺序）。

读者在学习溢流阀、减压阀、顺序阀时，一定要抓住它们之间的共性（液压力与弹簧力相平衡），还要抓住它们的不同之处（如表 4-1）。要认真理解和掌握图形符号并能正确绘制使用。

表 4-1　溢流阀、减压阀、顺序阀性能比较

	溢 流 阀	减 压 阀	顺 序 阀
1	原始状态阀口关闭，阀芯为两个台阶，密封长度短	原始状态阀口常开，阀芯为三个台阶	原始状态阀口关闭，阀芯为两个台阶，密封长度长
2	进油口压力控制阀芯移动	出油口压力控制阀芯移动	进油口压力控制阀芯移动
3	进油口压力稳定，出油口压力为零	出油口压力稳定	出油口压力由负载决定，但打开阀口所需压力由弹簧调定
4	泄油方式为内泄	泄油方式为外泄	泄油方式为外泄
5	在液压系统中起定压溢流或安全作用	在液压系统中起减压和稳压作用	在液压系统中是一个压力控制开关

四、压力继电器

压力继电器的功用是当液压系统中压力上升或下降到一定数值时发出电信号，操纵电气元件实现顺序动作或起安全保护作用。读者要理解其工作原理，掌握调整方法，它在系统中一般是放置在紧靠执行机构的主油路旁。

第三节 流量控制阀

流量控制阀是依靠改变阀口通流面积的大小或通流通道的长短来改变液阻，从而控制通过阀的油液的流量，达到调节执行元件（缸或马达）运动速度的目的，常用的流量控制阀有普通节流阀、调速阀等。

液压系统中使用的流量控制阀应具有足够的调节范围；能保证稳定的最小流量，温度和压力变化对流量影响要小；调节方便、泄漏小等。

一、流量控制阀的特性

节流孔口的流量特性公式即为 $q=KA\Delta p^m$，在这里读者要理解在第一章中讲述的公式，掌握依据此公式来分析问题的方法。从该公式可看出通过节流口的流量取决于孔口面积 A，孔口前后的压力差 Δp 和孔型系数 m 及系数 K。而对于不同的孔型，其 K 值和 m 值就不同，对于细长孔，$m=1$，$K=d^2/(32\mu L)$；而对于薄壁孔，$m=0.5$，$K=C_d\sqrt{2/\rho}$，而孔口一旦加工完毕，其孔型系数 m 和 K 就已确定。此时孔口面积 A 和孔口前后压力差 Δp 就是决定流量的主要参数，其中若有一个确定，那么另一个就成了调节参数，因而在用流量特性公式 $q=KA\Delta p^m$ 分析问题时，一定要从诸参数中找出主要参数进行分析。图 4-5 是细长孔和薄壁孔的压力差—流量特性曲线，从中可以看出，当 A 为常数时，相同的 Δp_1 值，细长孔输出流量大于薄壁孔，其主要原因是由于细长孔的孔口较长，油液进入孔口后在收缩断面处有一真空区域，因而对油液有抽吸作用，使得流量增大（流量系数大），而薄壁孔的收缩断面在孔外。若是压力差从 Δp_1 变化到 Δp_2，细长孔流量的变化量远大于薄壁孔流量的变化量。再分析一下系数 K，对于细长孔 $K=d^2/(32\mu L)$，而薄壁孔 $K=C_d\sqrt{2/\rho}$，前者随油液的粘度变化而变化，而后者则与粘度无关，由于液压系统在工作过程中油温的变化是必然的，因而粘度的变化也就是必然的。故从流量稳定性这方面来看，薄壁孔优于细长孔。另一方面，从抗堵塞能力来看，薄壁孔的优点也是显而易见的。但从加工方面来说，薄壁孔的工艺要求高于细长孔。读者要弄懂教材中所列的各种节流口的形式、工作原理及其结构。普通节流阀中使用的就是轴向三角沟槽式节流口。

二、节流阀和调速阀

（一）节流阀

普通节流阀的节流口是轴向三角沟槽式，靠改变节流口的面积来改变节流阀的输出流量，读者要看懂结构图，理解调节手柄旋转时节流口的变化。

（二）调速阀

调速阀是在节流阀的前面串接一个差压式减压阀（见教材有关内容），使油液先经过减压阀产生一次压力降，将压力降至 p_2，节流阀的出口压力 p_3 又反馈到减压阀的弹簧腔，使减压阀的阀芯随负载的变化而自动调节，改变减压阀的出口压力 p_2，使得节流阀前后的压

力差 $\Delta p = p_2 - p_3$ 基本上保持不变，从而保证节流阀的输出流量基本稳定。读者一定要从因负载变化而引起液压缸工作腔压力的变化，也就是因节流阀后的压力 p_3 的变化引起减压阀阀芯的移动，使 p_2 和 p_3 的变化方向相同，最终保证（$p_2 - p_3$）等于常数这个思路来全面理解调速阀的工作原理。由于调速阀在正常工作区域（保证阀的两端有一定的压力差）能保证输出流量不变（见图4-6），所以在负载对运动速度稳定性要求较高的场合常采用调速阀。读者要在掌握其工作原理的基础上通过观察实物搞懂调速阀的结构。

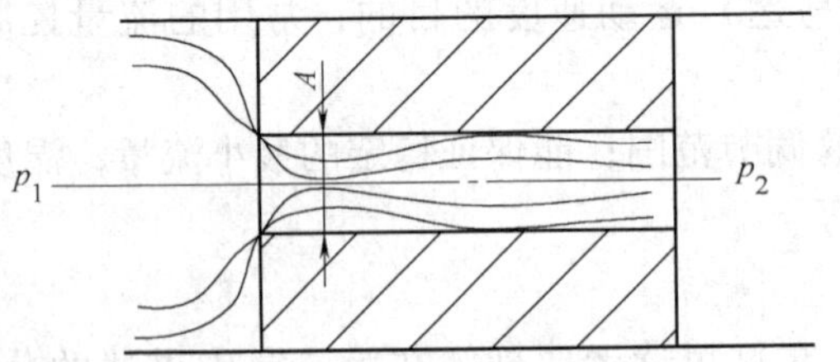

图4-5　细长孔液流示意图

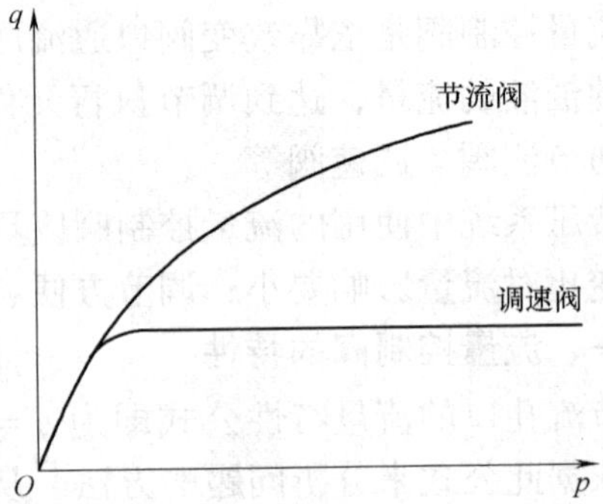

图4-6　调速阀、节流阀压力流量特性

由于液压系统在工作过程中油液温度必然会发生变化，加上节流口又不太容易做成真正的薄壁孔，因而在稳定性要求较高的精密设备中就使用温度补偿调速阀。所谓温度补偿实际上是在节流阀的调节杆和阀芯之间放置一根补偿杆（工程有机材料），使得在温度上升后有线伸缩，其线伸缩的长度使得节流阀的开度变小，这个变化量引起的流量减小数值正好与由于油温上升而使阀流量增加的数值基本相同，从而保证了调速阀输出流量的稳定。读者一定要理解此刻“补偿”的真正含义。

三、溢流节流阀

流量控制阀中，还采用一种将差压式溢流阀与节流阀并联使用的溢流节流阀。它也能保证通过阀的油液流量基本上不受负载变化的影响。此阀与上述调速阀有所不同。首先，溢流阀的进口压力即为节流阀的进口压力，而节流阀的出口压力 p_2 又反馈到溢流阀的弹簧腔，当 p_2 由于负载变化增大时，溢流阀就可以通过弹簧的作用自动地减小阀的开口，使得进口压力上升，从而保证节流阀前后压力差（$p_1 - p_2$）基本不变，反之亦然。溢流节流阀上附有安全阀，是为防止系统过载而设置的。溢流节流阀一般用于大功率系统中，因为其使用时系统效率较高。

溢流节流阀通过 p_1 随 p_2 的变化来使流量基本保持稳定，这和调速阀的情况不同（不管调速阀装在执行元件的进油路上或回油路上，在执行元件上负载变化时，泵出口处压力都由溢流阀保持不变）。因而使用溢流节流阀的液压系统具有功耗低、发热量小的优点。但是溢流节流阀中流过的流量比调速阀大（一般是系统的全部流量），阀芯运动的阻力较大，弹簧较硬，其结果使节流阀前后压力差 Δp 加大，因而它的稳定性稍差。

第四节　叠加阀和插装阀

一、叠加阀

叠加阀即为叠加式液压阀，其工作原理与普通液压阀相同，是一种集成式液压元件，采用这种阀组成液压系统时，不需要另外的连接，直接叠加组成系统，具有结构紧凑、布置灵活、占地面积小、设计和制造周期短的优点。

二、二通插装阀

二通插装阀为锥阀结构的控制阀，既可用于压力控制，也可以用于方向和流量控制。读者要搞清楚在作压力控制阀用时，其工作原理与普通压力阀相同；在作方向阀用时，由于一个锥阀单元只有两个通油口、两种工作状态（阀口开启或关闭），因此实际使用时需要两个锥阀单元并联组成三通回路，两个三通回路并联组成四通回路。至于回路的通断情况（中位机能）则取决于先导控制阀；作流量控制阀用时，通过控制阀口开启的大小来实现。

第五节　例题与部分习题解答

例 4-1（习题 4-1）　如图 4-7 所示液压缸，$A_1=30\times10^{-4}\text{m}^2$，$A_2=12\times10^{-4}\text{m}^2$，$F=30000\text{N}$，液控单向阀用作闭锁以防止液压缸下滑。阀的控制活塞面积 A_K 是阀芯承压面积 A 的三倍。若摩擦力、弹簧力均忽略不计，试计算需要多大的控制压力才能开启液控单向阀？开启前液压缸最高压力为多少？

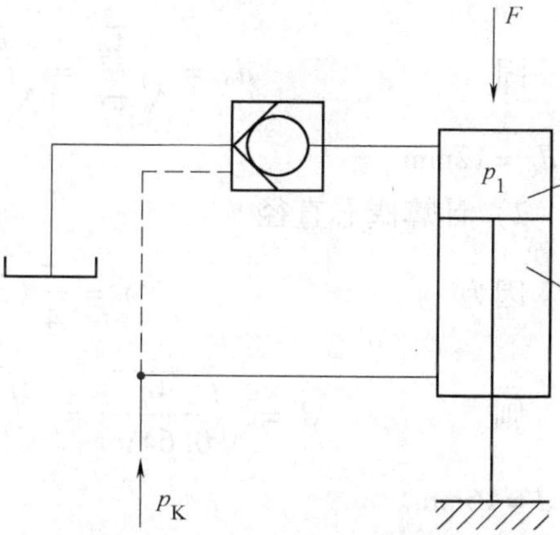

图 4-7　液压缸及单向阀

解：由图 4-7 可知，液控单向阀反向流动时背压为零，控制活塞顶开单向阀阀芯最小控制压力为 $p_K=\dfrac{A}{A_K}p_1=\dfrac{1}{3}p_1$，由液压缸的受力平衡方程 $p_1A_1=p_KA_2+F$ 可得

$$p_K=\frac{F}{3A_1-A_2}=\frac{30000}{(3\times30-12)\times10^{-4}}\text{Pa}=3.85\text{MPa}$$

$$p_1=3p_K=11.55\text{MPa}$$

当液控单向阀无控制力，$p_K=0$ 时，为平衡负载 F，在液压缸中产生的压力为

$$p=\frac{F}{A_1}=\frac{30000}{30\times10^{-4}}\text{Pa}=10\text{MPa}$$

计算表明，在打开液控单向阀时，液压缸中的压力将增大。

注：液控单向阀的最小控制压力与阀内控制活塞面积与阀芯承压面积的比值有关，如本题中，$p_K=\dfrac{1}{3}p_1$。但这种简单的比值关系只适用于液控单向阀反向流动时背压为零的场合。一般带外泄油口的液控单向阀的最小控制压力须为主油路压力的 30% ~50%，但对高压液控单向阀，须查产品样本。如背压不为零，则开启液控单向阀所需的控制压力还要高得多，

且与背压的大小有关。在这种情况下，应使用带外泄油口的液控单向阀为好。

例 4-2 设有三位四通换向阀（O 型中位机能）如图 4-8 所示，已知其额定压力为 7.0MPa，额定流量是 25L/min，求该阀通道部分的尺寸。

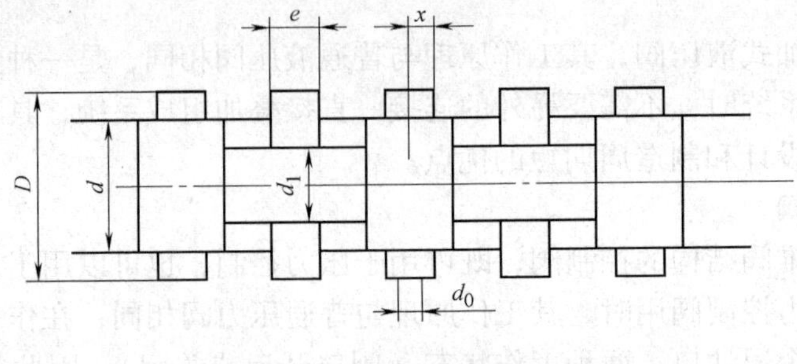

图 4-8　三位四通换向阀

解：本题是一设计性题目，对于方向控制阀来说，其通道部分的设计尺寸主要有阀进油口直径 d_0，阀芯直径 d，阀体沉割槽外径 D，沉割槽宽度 e 和工作时的开度 x 等。

1）计算 d_0

根据推荐油液在管内流速取 $v=4\text{m/s}$

因为
$$q=\frac{\pi}{4}d_0^2v$$

固
$$d_0=\sqrt{\frac{4q}{\pi v}}=\sqrt{\frac{4\times25\times10^{-3}}{60\times\pi\times4}}\text{m}=11.5\times10^{-3}\text{m}$$

取 $d_0=12\text{mm}$。

2）计算阀芯直径 d

因为
$$q=\frac{\pi}{4}(d^2-d_1^2)v\quad 取\ d_1=0.6d$$

则
$$d=\sqrt{\frac{4q}{0.64\pi v}}=\sqrt{\frac{4\times25\times10^{-3}}{0.64\times\pi\times4\times60}}\text{m}=14.4\times10^{-3}\text{m}$$

取 $d=16\text{mm}$。

3）计算阀体沉割槽外径 D

阀体沉割槽外径 D 一般是取阀芯直径 d 再加大 4～7mm，现取 6mm

故 $D=（16+6）\text{mm}=22\text{mm}$

4）计算沉割槽宽度 e

一般推荐 $e=1.1d_0$

固 $e=1.1\times12\text{mm}=13.2\text{mm}$

取标准值 $e=14\text{mm}$。

5）计算阀口开度 x

根据连续性方程，当流速相等时，其通流面积相等

因此有
$$\pi dx=\frac{\pi}{4}d_0^2$$

固
$$x = \frac{d_0^2}{4d} = \frac{12^2}{4 \times 16}\text{mm} = 2.25\text{mm}$$

取 $x=2.5\text{mm}$。

例4-3（习题4-4）　如图4-9所示系统溢流阀的调定压力为5MPa，减压阀的调定压力为2.5MPa。试分析下列各工况，并说明减压阀阀口处于什么状态？

1）当液压泵出口压力等于溢流阀调定压力时，夹紧缸使工件夹紧后，A、C 点压力各为多少？

2）当液压泵出口压力由于工作缸快进，压力降到1.5MPa时（工件原处于夹紧状态），A、C 点压力各为多少

3）夹紧缸在夹紧工件前作空载运动时，A、B、C 点压力各为多少？

解：1）工件夹紧时，夹紧缸压力即为减压阀调整压力，$p_A=p_C=2.5\text{MPa}$。减压阀开口很小，这时仍有一部分油通过减压阀阀芯的小开口（或三角槽），将先导阀打开而流出，减压阀阀口始终处于工作状态。

2）泵的压力突然降到1.5MPa时，减压阀的进口压力小于调整压力 p_J，减压阀阀口全开而先导阀处于关闭状态，阀口不起减压作用，$p_A=p_B=1.5\text{MPa}$。单向阀后的 C 点压力，由于原来夹紧缸处于2.5MPa，单向阀在短时间内有保压作用，故 $p_C=2.5\text{MPa}$，以防止夹紧的工件松动。

3）夹紧缸作空载快速运动时，$p_C=0$。A 点的压力如不考虑油液流过单向阀造成的压力损失，则 $p_A=0$。因减压阀阀口全开，若压力损失不计，则 $p_B=0$。由此可见，夹紧缸空载快速运动将影响到泵的工作压力。

注：减压阀阀口是否起减压作用，与减压阀的进口压力 p_1 及出口的负载压力 p_2 有密切关系。如 $p_2<p_J$，出口负载压力 p_2 小于名义上的调整压力 p_J，先导阀关闭而减压阀阀口全开，不起减压作用，只呈现通道阻力。若 $p_1<p_J$，进口压力比名义上的调整压力低，减压阀阀口全开，不起减压作用。如果通道阻力也忽略，则减压阀的进出口压力相等。

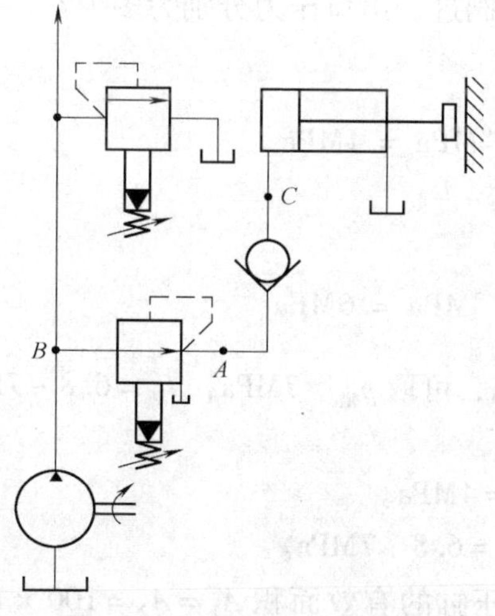

图4-9　液压系统及溢流阀

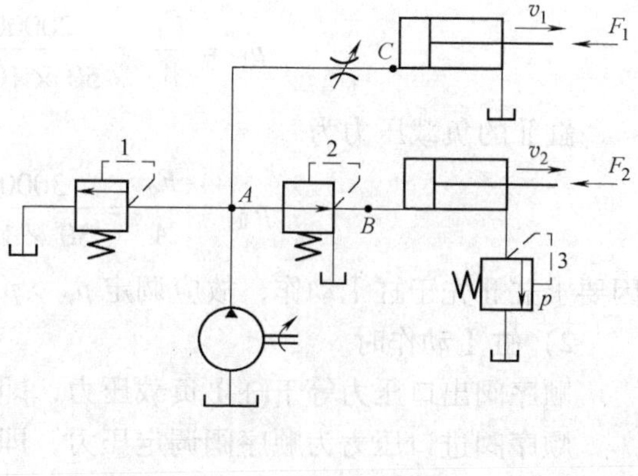

图4-10　减压回路

例4-4　如图4-10所示的减压回路，已知液压缸无杆腔、有杆腔的面积分别为100×

$10^{-4}m^2$、$50\times10^{-4}m^2$，最大负载 $F_1=14000N$、$F_2=4250N$，背压 $p=0.15MPa$，节流阀的压差 $\Delta p=0.2MPa$，试求：

1）A、B、C 各点压力（忽略管路阻力）。

2）液压泵和液压阀 1、2、3 应选多大的额定压力？

3）若两缸的进给速度分别为 $v_1=3.5\times10^{-2}m/s$，$v_2=4\times10^{-2}m/s$，液压泵和各液压阀的额定流量应选多少？

解：1）
$$p_C=\frac{F_1}{A_1}=\frac{14000}{10\times10^{-4}}Pa=1.4MPa$$

由于有节流阀 2，因此上面的液压缸运动时，溢流阀一定打开，故
$$P_A=\Delta p+p_C=(0.2+1.4)MPa=1.6MPa$$

因为
$$p_BA_1=F_2+p_{背}A_2$$

所以
$$p_B=\frac{F_2+p_{背}A_2}{A_1}=\frac{4250+0.15\times10^6\times50\times10^{-4}}{100\times10^{-4}}Pa=0.5MPa$$

2）泵和阀 1、2、3 的额定压力均按系统最大工作压力来取，选标准值 2.5MPa。

3）流入上面液压缸的流量
$$q_1=v_1A_1=3.5\times10^{-2}\times100\times10^{-4}m^3/s=350\times10^{-6}m^3/s=21L/min$$

流入下面液压缸的流量
$$q_2=v_2A_1=4\times10^{-2}\times100\times10^{-4}m^3/s=400\times10^{-6}m^3/s=24L/min$$

流经背压阀的流量
$$q_{背}=v_2A_2=4\times10^{-2}\times50\times10^{-4}m^3/s=200\times10^{-6}m^3/s=12L/min$$

由于两个液压缸不同时工作，故选 $q_{泵}$、$q_{溢}$、$q_{节}$、$q_{减}=25L/min$，$q_{背}=16L/min$。

例 4-5 如图 4-11 所示系统，液压缸Ⅰ、Ⅱ上的外负载力 $F_1=20000N$，$F_2=30000N$，有效工作面积都是 $A=50\times10^{-4}m^2$，要求液压缸Ⅱ先于液压缸Ⅰ动作，试问：

1）顺序阀和溢流阀的调定压力分别为多少？

2）不计管路阻力损失，液压缸Ⅰ动作时，顺序阀进、出口压力分别为多少？

解：1）缸Ⅰ的负载压力为
$$p_{Ⅰ}=\frac{F_1}{A}=\frac{20000}{50\times10^{-4}}\times10^{-6}MPa=4MPa$$

缸Ⅱ的负载压力为
$$p_{Ⅱ}=\frac{F_2}{A}=\frac{30000}{50\times10^{-4}}\times10^{-6}MPa=6MPa$$

因要求缸Ⅱ先于缸Ⅰ动作，故应调定 $p_{溢}>p_{顺}>6MPa$，可取 $p_{溢}>7MPa$，$p_{顺}=6.8\sim7MPa$。

2）缸Ⅰ动作时

顺序阀出口压力等于缸Ⅰ负载压力，即 $p_{出}=p_{Ⅰ}=4MPa$。

顺序阀进口压力为顺序阀调定压力，即 $p_{进}=p_{顺}=6.8\sim7MPa$。

例 4-6（习题 4-5） 如图 4-12 所示系统，液压缸的有效面积 $A_1=A_2=100\times10^{-4}m^2$，液压缸Ⅰ负载 $F_L=35000N$，液压缸Ⅱ运动时负载为零，不计摩擦阻力、惯性力和管路损失，溢流阀、顺序阀和减压阀的调定压力分别为 4MPa、3MPa 和 2MPa，试求下列三种工况下 A、

B 和 *C* 处的压力。

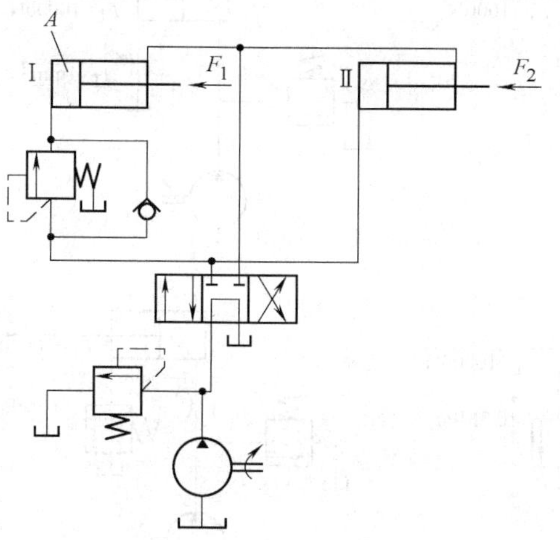

图 4-11 例 4-5 系统示意图

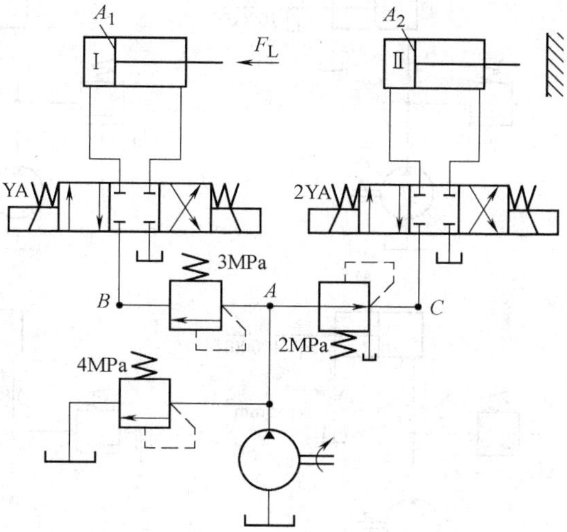

图 4-12 例 4-6 系统示意图

1）液压泵起动后，两换向阀处于中位时。

2）1YA 通电，液压缸 I 运动时和到终端停止时。

3）1YA 断电，2YA 通电，液压缸 II 运动时和碰到固定挡块停止运动时。

解：缸 I 负载压力

$$p_{\mathrm{I}} = \frac{F_{\mathrm{L}}}{A_1} = \frac{35000}{100 \times 10^{-4}} \times 10^{-6}\mathrm{MPa} = 3.5\mathrm{MPa}$$

1）液压泵起动后，两换向阀处于中位时

$$p_{\mathrm{A}} = p_{\mathrm{B}} = 4\mathrm{MPa}, p_{\mathrm{C}} = 2\mathrm{MPa}$$

2）1YA 通电，液压缸 I 运动时

$$p_{\mathrm{A}} = p_{\mathrm{B}} = 3.5\mathrm{MPa}, p_{\mathrm{C}} = 2\mathrm{MPa}$$

1YA 通电，液压缸 I 到终端停止时

$$p_{\mathrm{A}} = p_{\mathrm{B}} = 4\mathrm{MPa}, p_{\mathrm{C}} = 2\mathrm{MPa}$$

3）1YA 断电，2YA 通电，液压缸 II 运动时

$$p_{\mathrm{A}} = p_{\mathrm{B}} = p_{\mathrm{C}} = 0$$

1YA 断电，2YA 通电，液压缸 II 碰到固定挡块停止运动时

$$p_{\mathrm{A}} = p_{\mathrm{B}} = 4\mathrm{MPa}, p_{\mathrm{C}} = 2\mathrm{MPa}$$

例 4-7 如图 4-13 所示八种回路，已知：液压泵流量 $q_{\mathrm{p}} = 10\mathrm{L/min}$，液压缸无杆腔面积 $A_1 = 50 \times 10^{-4}\mathrm{m}^2$，有杆腔面积 $A_2 = 25 \times 10^{-4}\mathrm{m}^2$，溢流阀调定压力 $P_{\mathrm{Y}} = 2.4\mathrm{MPa}$，负载 F_{L} 及节流阀通流面积 A_{T} 均已标在图上，试分别计算各回路中活塞的运动速度和液压泵的工作压力。

（设 $C_{\mathrm{d}} = 0.62$，$\rho = 870\mathrm{kg/m^3}$）

解：1）图 4-13a 所示回路，液压缸负载压力

$$p_{\mathrm{L}} = \frac{F_{\mathrm{L}}}{A_1} = \frac{10000}{50 \times 10^{-4}} \times 10^{-6}\mathrm{MPa} = 2\mathrm{MPa},$$

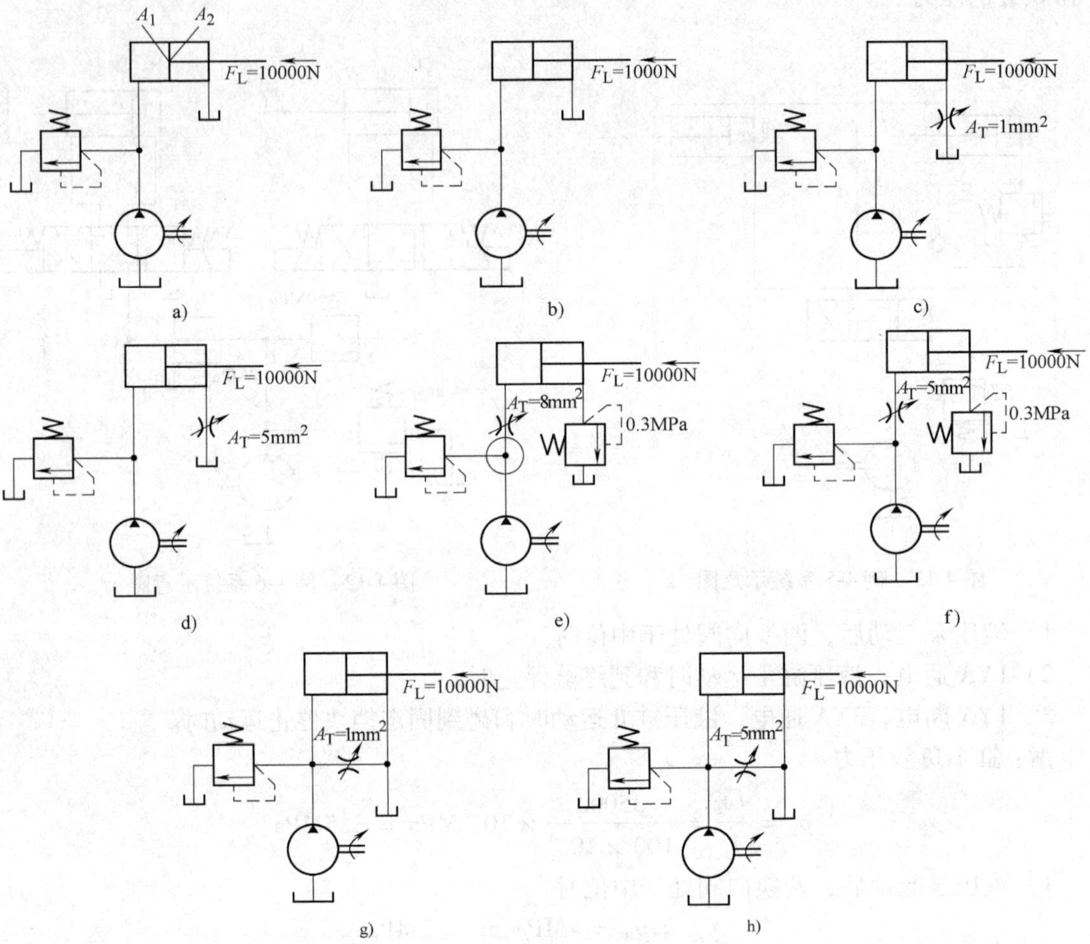

图 4-13　八种回路

液压泵工作压力 $p_P = p_L = 2\text{MPa}$

活塞运动速度 $v = \dfrac{q_p}{A_1} = \dfrac{10 \times 10^{-3}}{50 \times 10^{-4}}\text{m/min} = 2\text{m/min}$

2）图 4-13b 所示回路，泵的工作压力

$$p_p = p_L = \frac{F_L}{A_1} = \frac{1000}{50 \times 10^{-4}} \times 10^{-6}\text{MPa} = 0.2\text{MPa}$$

$$v = \frac{q_p}{A_1} = \frac{10 \times 10^{-3}}{50 \times 10^{-4}}\text{m/min} = 2\text{m/min}$$

3）图 4-13c 所示回路，由于有节流阀，溢流阀开启，泵的工作压力为

$$p_p = p_Y = 2.4\text{MPa}$$

因

$$p_1 A_1 = p_2 A_2 + F_L$$

故节流阀进口压力

$$p_2 = \frac{A_1}{A_2}p_1 - \frac{F_L}{A_2} = \left(\frac{50}{25} \times 2.4 - \frac{10000}{25 \times 10^{-4}} \times 10^{-6}\right)\text{MPa} = 0.8\text{MPa}$$

通过节流阀的流量

$$q_T = C_d A_T \sqrt{\frac{2\Delta p}{\rho}} = c_d A_T \sqrt{\frac{2p_2}{\rho}}$$

$$= 0.62 \times 1 \times 10^{-6} \times \sqrt{\frac{2 \times 0.8 \times 10^6}{870}} \times 60\text{m}^3/\text{min}$$

所以 $$v = \frac{q_2}{A_2} = \frac{q_T}{A_2} = \frac{1.6 \times 10^{-3}}{25 \times 10^{-4}}\text{m/min} = 0.64\text{m/min}$$

4）图4-13d 所示回路，由于节流阀通流面积为图4-13c 所示回路的5倍，允许通过的流量较大，故溢流阀关闭，活塞运动速度由 q_p 确定，即

$$v = \frac{q_p}{A_1} = 2\text{m/min}$$

因 $q_T = C_d A_T \sqrt{\frac{2p_2}{\rho}} = A_2 v$，故

$$p_2 = \frac{\rho}{2}\left(\frac{A_2 v}{C_d A_T}\right)^2 = \frac{870}{2} \times \left(\frac{25 \times 10^{-4} \times 2/60}{0.62 \times 5 \times 10^{-6}}\right)^2 \times 10^{-6}\text{MPa} = 0.31\text{MPa}$$

由于 $p_1 A_1 = p_2 A + F_L$，则

$$p_1 = \frac{F_L}{A_1} + \frac{A_2}{A_1}p_2 = \left(\frac{10000}{50 \times 10^{-4}} \times 10^{-6} + \frac{25}{50} \times 0.31\right)\text{MPa} = 2.16\text{MPa}$$

故液压泵工作压力 $p_p = p_1 = 2.16\text{MPa}$。

5）图4-13e 所示回路，因 $p_1 A_1 = p_2 A_2 + F_L$，则

$$p_1 = \frac{A_2}{A_1}p_2 + \frac{F_L}{A_1} = \left(\frac{25}{50} \times 0.3 + \frac{10000}{50 \times 10^{-4}} \times 10^{-6}\right)\text{MPa} = 2.15\text{MPa}$$

$$q_T = C_d A_T \sqrt{\frac{2\Delta p}{\rho}} = C_d A_T \sqrt{\frac{2(p_p - p_1)}{\rho}} = 0.62 \times 8 \times 10^{-6} \times \sqrt{\frac{2 \times (2.4 - 2.15) \times 10^6}{870}}\text{m}^3/\text{s}$$
$$= 1.19 \times 10^{-4}\text{m}^3/\text{s}$$

故

$$v = \frac{q_1}{A_1} = \frac{q_T}{A_1} = \frac{1.19 \times 10^{-4}}{50 \times 10^{-4}} \times 60\text{m/min} = 1.43\text{m/min}$$

$$p_p = p_Y = 2.4\text{MPa}$$

6）图4-13f 所示回路，由于节流阀通流面积 A_T 比图4-13e 所示回路接近大一倍，因此溢流阀关闭，液压泵输出流量全部经节流阀流进液压缸，p_1 仍为2.15MPa。

因 $$q_p = q_T = C_d A_T \sqrt{\frac{2(p_p - p_1)}{\rho}}$$

所以

$$p_p = \frac{\rho}{2}\left(\frac{q}{C_d A_T}\right)^2 + p_1 = \left[\frac{870}{2} \times \left(\frac{10 \times 10^{-3}/60}{0.62 \times 15 \times 10^{-6}}\right)^2 \times 10^{-6} + 2.15\right]\text{MPa} = 2.29\text{MPa}$$

$$v = \frac{q_p}{A_1} = 2\text{m/min}$$

7）图 4-13g 所示回路：$p_P = p_L = 2\text{MPa}$

$$v = \frac{q_1}{A_1} = \frac{q_p - q_T}{A_1} = \frac{q_p - C_d A_T \sqrt{\dfrac{2p_L}{\rho}}}{A_1}$$

$$= \frac{10\times10^{-3}/60 - 0.62\times1\times10^{-6}\times\sqrt{2\times2\times10^6/870}}{50\times10^{-4}}\times60\text{m/min} = 1.5\text{m/min}$$

8）图 4-13h 所示回路，由于节流阀流通面积 A_T 为图 4-13g 所示回路的 5 倍，因此液压泵输出的流量均被节流阀短路回油箱，没有油液进入液压缸，故活塞运动速度 $v=0$。

因 $$q_p = q_T = C_d A_T\sqrt{\frac{2\Delta p}{\rho}} = C_d A_T\sqrt{\frac{2p_p}{\rho}}$$

则有 $$p_p = \frac{\rho}{2}\left(\frac{q_p}{C_d A_T}\right)^2 = \frac{870}{2}\times\left(\frac{10\times10^{-3}/60}{0.62\times5\times10^{-6}}\right)^2\times10^{-6}\text{MPa} = 1.26\text{MPa}$$

例 4-8 调速阀的结构原理如图 4-14 所示，试分析其流量特性并确定其节流刚度。

解： 通过调速阀中定差减压阀阀口的流量

$$q_1 = C_{d1}A_1\sqrt{\frac{2}{\rho}(p_1 - p_2)}$$

式中 C_{d1}——定差减压阀的流量系数；
A_1——定差减压阀阀口过流面积；
p_1——定差减压阀进口压力；
p_2——定差减压阀出口压力。

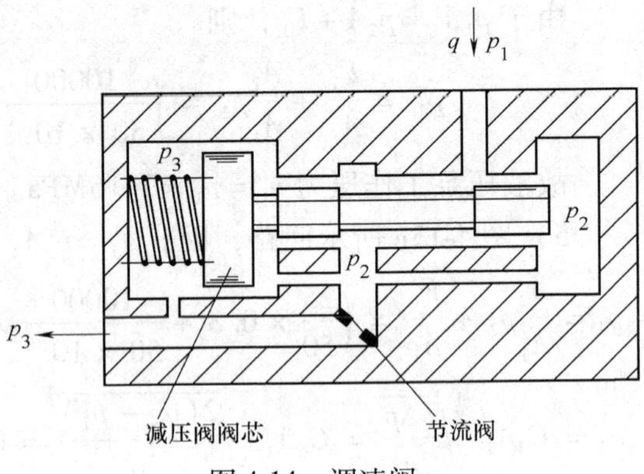

图 4-14 调速阀

通过节流阀的流量 q_2，若不计泄漏则 $q_1 = q_2$，所以

$$q_1 = q_2 = C_{d2}A_2\sqrt{\frac{2}{\rho}(p_2 - p_3)}$$

式中 C_{d2}——节流阀的流量系数；
A_2——节流阀的过流面积；
p_3——节流阀出口压力。

定差减压阀阀芯受力平衡方程式：

$$Ap_2 = Ap_3 + K(x_0 + x_m - x) - F_{xs}$$

式中 A——定差减压阀阀芯大端面积；
K——定差减压阀弹簧刚度；
x_0——定差减压阀弹簧预压缩量；
x_m——定差减压阀最大预开口量；
x——差减压阀工作开口量；
F_{xs}——稳态液动力。

根据动量定理

$$F_{xs} = \rho qv\cos\theta = \frac{\rho q^2}{C_{d1}A_2}\cos\theta$$

将 $q = C_{d2}A_2\sqrt{\frac{2}{\rho}(p_2 - p_3)}$ 代入上式得

$$F_{xs} = \frac{2(C_{d2}A_2)^2}{C_{d1}A_1}(p_2 - p_3)\cos\theta$$

将 F_{xs} 代入阀芯受力平衡方程式并整理得

$$p_2 - p_3 = \frac{K(x_0 + x_m - x)}{A + \frac{2(C_{d2}A_2)^2}{C_{d1}A_1A}\cos\theta} = \frac{K(x_0 + x_m)}{A}\left\{\frac{1 - \frac{x}{x_0 + x_m}}{1 + \frac{2(C_{d2}A_2)^2}{C_{d1}A_1A}\cos\theta}\right\}^{\frac{1}{2}}$$

通常 $\frac{x}{x_0 + x_m} \leqslant 1$，$\frac{2(C_{d2}A_2)^2}{C_{d1}A_1A}\cos\theta \leqslant 1$ ，则

$$q = C_{d2}A_2\sqrt{\frac{2K}{\rho A}(x_0 + x_m)} = 常数$$

对于节流阀的流量方程 $q = C_{d2}A_2\sqrt{\frac{2}{\rho}\Delta p}$ 进行微分便可求出节流刚度表达式

$$\mathrm{d}q = C_{d2}A_2\sqrt{\frac{2}{\rho}}\frac{\mathrm{d}(\Delta p)}{\sqrt{\Delta p}} = 0 \quad (\because Q = 常数)$$

$$\therefore \qquad T = \frac{\mathrm{d}(\Delta p)}{\mathrm{d}q} = \infty$$

由于调速阀在压力差发生波动时其输出流量不变，所以其节流刚度表达式为 $T = \infty$。若为普通节流阀则 $T \neq \infty$。

例 4-9　一节流阀其最大流量 $q_{max} = 10\mathrm{L/min}$，最小稳定流量 $q_{min} = 20\mathrm{L/min}$，最大进口压力为 6.3MPa，试确定其主要结构尺寸。

解：节流阀主要结构尺寸就是在选取适当压力差和一定的节流口的条件下确定最大、最小过流面积和节流口前通道尺寸。

1）压力差 Δp 的选择。

根据推荐数据 $\Delta p \approx (1.5 \sim 3.5) \times 10^5\mathrm{Pa}$，选择 $\Delta p = 2.5 \times 10^5\mathrm{Pa}$。

2）选择节流形式，采用普通节流口。

3）确定最小过流面积。

$$A_{min} = \frac{q_{min}}{K\Delta p_{max}} = \frac{q_{min}}{C_d\sqrt{\frac{2}{\rho}\Delta p_{max}}} = \left(\frac{20 \times 10^{-6}}{0.62\sqrt{\frac{2}{900} \times 2.5 \times 10^5} \times 60}\right)\mathrm{m}^2 = 2.28 \times 10^{-8}\mathrm{m}^2 \approx 0.023\mathrm{mm}^2$$

由于 $A_{min} = 0.023\mathrm{mm}^2$ 小于一般状况下薄壁小孔 $0.15\mathrm{mm}^2$ 的尺寸，因而采用修整型的薄壁小孔，此时最小值可达到 $0.0187\mathrm{mm}^2$，显然 $0.023\mathrm{mm}^2 > 0.0187\mathrm{mm}^2$。

4）确定最大过流面积 A_{max} 取 $\Delta p_{min} = 1.5 \times 10^5\mathrm{Pa}$

$$A_{min} = \frac{q_{max}}{C_d\sqrt{\frac{2}{\rho}\Delta p_{min}}} = \left(\frac{10\times10^{-6}}{0.62\sqrt{\frac{2}{900}\times1.5\times10^5}\times60}\right)m^2 = 0.147\times10^{-4}m^2 = 14.7mm^2$$

5）确定节流口前通道尺寸

根据 $$A_{max} = \frac{\pi d_0^2}{4}$$

得 $$d_0 = \sqrt{\frac{4A_{max}}{\pi}} = \sqrt{\frac{4\times14.7}{\pi}}mm = 4.33mm$$

验算通道中流速，将 $d_0 = 4.33mm$ 代入

$$v = \frac{4q}{\pi d_0^2} = \frac{4\times10^{-3}}{\pi\times4.33^2\times10^{-6}\times60}m/s = 11.2m/s \quad (不合要求)$$

取 $d_0 = 8mm$ 代入

$$v = \frac{4\times10^{-3}}{\pi\times8^2\times10^{-6}\times60}m/s = 3.31m/s \quad (合乎推荐值 v = 3\sim6m/s)$$

故取 $d_0 = 8mm$。

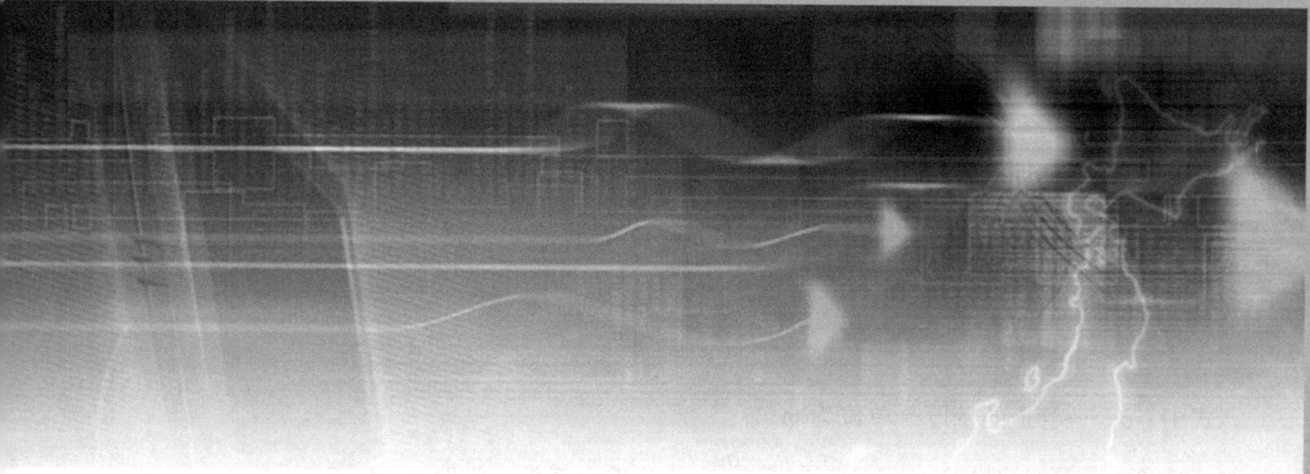

第五章

液压辅助元件

所谓辅助元件（亦称辅助装置）是指那些既不直接参与能量转换，也不参与速度、方向、压力等控制的在液压系统中必不可少的元件或装置。

本章重点：

1）油管内径及壁厚的选择及计算。

2）管接头及其密封措施。

3）滤油器的类型及其应用。

4）油箱设计。

第一节　管路和管接头

一、管路

管路在液压系统中的作用是连接液压元件和传输油液。管路中使用的管道常用的有三大类：金属管（钢管、铜管、铝管等）、橡胶管和尼龙管。焊接钢管适用于工作压力小于2.5MPa的低压系统；中高压系统可选用无缝钢管；超高压系统可选用合金钢管。纯铜管的适用压力范围为6.5～10.0MPa。橡胶软管通常用于压力小于10.0MPa的液压系统中，但也有适用于高压系统的高压橡胶管。尼龙管仅适用于工作压力小于1.5MPa的低压系统，它一般用作回油管路。

管道内径可以根据通过的流量和允许的流速计算：

$$d = \sqrt{\frac{4q}{\pi v}} \tag{5-1}$$

式中　d——管道内径，单位为m；

v——允许流速，单位为m/s。一般压力油管 $v = 2 \sim 6\text{m/s}$，回油管 $v = 1.5 \sim 2.5\text{m/s}$，

吸油管 $v<1.5\text{m/s}$，压力高，流量大时取大值，反之取小值；

q——流量，单位为 m^3/s。

管道的壁厚一般情况下可以不校核，但请读者注意，在高压系统中，要校核其壁厚，且按薄壁筒拉伸公式进行校核：

$$\delta=\frac{pd}{2[\sigma]}$$

式中 δ——管道的壁厚，单位为 m；

$[\sigma]$——材料的许用应力，$[\sigma]=\frac{\sigma_b}{n}$，$n$ 为安全系数，常取 $n=4\sim8$。

二、管接头

在液压系统中管接头是必不可少的，要理解管接头的连接和密封机理，根据系统工作压力合理选用。在液压系统中，对管接头的基本要求为：

1）要有足够的连接强度，也就是要有一定的螺纹扣数和一定的厚度。

2）密封要可靠。管接头的密封问题在实践中非常突出。一个液压系统工作性能的好坏，漏不漏油是一个很重要的指标，而一个系统中又有很多个管接头，因而要解决好每一个管接头的密封问题是防漏的关键。

常采用的管接头形式有：

（1）锥形螺纹接头　锥形螺纹接头相配合的内、外螺纹必须严格按照规定的螺纹尺寸制造。必要时可在装配时使用聚四氟乙烯料带作填料，以保证不泄漏。

（2）普通螺纹接头（一般为细牙螺纹）　普通细牙螺纹接头不能使用填料，必须使用密封件密封，常用的有 O 形密封圈或组合密封垫圈等，加工制造密封圈沟槽时，要符合有关标准。要保证端面与中心线的垂直度，装配时，密封圈不能有扭转、破裂现象。

（3）锥形或球形接头　锥形或球形接头要注意锥面或球面的几何形状精度和表面粗糙度。

第二节　油　箱

油箱的功用是存储油液、散热、沉淀杂质、使油液中的气泡析出。油箱可分为开式、隔离式和压力式三种。前两种与大气相通，油液面压力为大气压；而后者与大气隔绝，充低压空气后，油液面的压力大于大气压。

油箱的有效容积（油液面高度为油箱高度的80%）可根据液压泵的额定流量及系统的工作压力来确定：一般低压系统油箱的有效容积为液压泵每分钟所排出的油液体积的2～4倍，中压系统则为5～7倍，高压和大功率系统为6～12倍。在系统设计中，油箱要进行发热量的验算。

油箱的设计不仅要满足存放油液的需要，另一方面要能充分发挥油箱的功能，而且要便于液压元件的安装、油箱本身的清洗和吊装。

在油箱的设计过程中，若发热大于散热，则要在油箱中安置冷却器，冷却器有水冷式和气冷式两种，它通常安装在回油路上或油箱内。而在低温条件下工作的液压系统，往往又要安装加热器，使系统不致在太低的温度下启动。

第三节 过 滤 器

液压油必须清洁。为了保证液压系统油液清洁必须进行过滤。读者一定要注意，任何未经过滤的液压油都是不清洁的。根据统计分析表明，液压系统中有75%以上的故障是由于过滤器的损坏和使用不当而造成的。油液的清洁度主要是指油液中所含杂质颗粒的大小和数量，而过滤精度即为公称过滤精度，它是指过滤器所能过滤掉的颗粒的公称尺寸，一般用μm表示。例如过滤精度为25μm的含义是被过滤后的油液中含有的杂质颗粒的直径不大于25μm，或者说直径大于25μm的杂质颗粒均被过滤掉了。一般过滤精度分为四级：特精（1～5μm）、精（10～20μm）、普通（30～40μm）、粗（>50μm）。在液压系统中根据系统的性质和压力不同，所选择的过滤精度的要求就不同，如表5-1所示。读者要正确理解各种形式过滤器的工作能力，并能合理选用，尤其要注意的是，过滤器的通油能力必须大于或等于液压泵的额定流量的2倍。

表5-1 系统的类型及工作压力对过滤精度的要求

系统类别	润滑系统	传动系统			伺服系统	特殊系统
工作压力 p/MPa	$p \leqslant 2.5$	$p \leqslant 7.0$	$p > 7.0$	$p \geqslant 35.0$	$p \leqslant 21.0$	$p \leqslant 35.0$
颗粒度 d/μm	$d < 100$	$d < 25 \sim 50$	$d \leqslant 25$	$d \leqslant 5$	$d \leqslant 5$	$d \leqslant 1$

第四节 密 封 装 置

密封装置用来防止液压系统内外泄漏及外界异物的侵入，保证系统建立必要的压力。液压系统要求密封装置在一定的工作压力和温度范围内具有良好的密封性能，且耐磨性好，磨损后在一定程度上能自动补偿。根据密封原理不同，有间隙密封、O形密封、唇形密封（U形、Y形、V形等）、组合密封等多种密封形式。静密封多采用O形密封圈或组合密封圈，动密封可采用O形密封圈、Y形密封圈及橡塑组合密封装置，Y形密封圈及橡塑组合密封装置要注意孔用和轴用的区别。安装密封圈的密封圈槽一定要按相关的标准进行设计和加工。

第五节 蓄 能 器

蓄能器在液压系统中的主要功用是储存能量、缓和冲击压力和吸收液压系统的脉动，常用蓄能器的类别、性能特点及用途请见表5-2。

在以上常用的蓄能器中，读者一定要注意其中只有重锤式蓄能器在工作中能始终保证输出压力的稳定。

表 5-2　常用蓄能器的类别、性能特点及用途

类别（形式）	特　点				用　途	
	容量限制	压力限制 p/MPa	温度范围 t/℃	漏气	储能	吸收冲击
重锤式	有（较大）	45.0	-50～120	无	可	不好
弹簧加载式	有	12.0	-50～120	无	可	不太好
活塞式	有（较大）	21.0	-50～120	少量	可	不太好
气囊式	有	31.5	-10～120	无	可	可
隔膜式	小于 11.4L	7.0	-10～120	无	可	可
金属波纹管式	有	21.0	-50～120	无	可	可

第六章

液压基本回路

本章重点：

1）卸荷回路，远程调压回路。

2）进油节流调速回路。

3）节流阀进油节流调速回路的速度负载特性。

4）恒转矩、恒功率调速回路。

5）差动快速回路，双泵供油快速回路。

6）速度换接回路。

7）互不干涉回路。

本章难点：

1）平衡回路。

2）节流阀进油节流调速的速度负载特性。

3）差压式变量泵与节流阀组成的调速回路。

4）互不干涉回路。

第一节　压力控制回路

在学习本节内容时，读者要深入理解并掌握限压、稳压、减压、卸荷等回路的工作原理；先导式压力阀的结构及其遥控口的作用；溢流和卸荷的概念；两种平衡回路的工作原理。在设计中要能正确选用以下压力控制回路。

一、调压回路

调压回路包括限压回路和稳压回路两种。

1）如图 6-1 所示是限压回路。它可以调节溢流阀以得到不同的“调定压力”，系统（液压缸）只有在低于溢流阀凋定压力的情况下方能正常工作，达到调定压力后液压缸不再运动或不正常运动。请读者注意，这里所谓“调定压力”并不是系统一旦启动，不管有无负载，压力均保持不变。实际上在工作过程中，系统的工作压力是由负载决定的，并非由溢流阀“调定”。这里的“调定”即为“限定”含义。这一点初学者极易搞错。

2）如图 6-2 所示的是稳压回路或称稳压溢流回路。这种回路能够使液压泵的出口压力保持稳定，其关键在于节流阀（或调速阀）。节流阀把系统分为两部分，节流阀后的压力由负载决定，节流阀前的压力由溢流阀调定。液压泵的负载是节流阀的压力降、管路的压力损失和外负载的组合。由于液压泵的流量足够大，故溢流阀始终溢流。若液压缸的负载变化，节流阀的压力降则随之改变，使得液压泵的出口压力不变（节流阀在回油路上时也是如此）。改变节流阀的开口，可以改变通过阀流量；改变溢流阀的压力，可以相应地改变溢流量的大小，只要溢流阀正常溢流，通过节流阀的流量足够大，液压泵的出口压力则将是稳定的。在这里溢流阀起着稳压溢流作用。

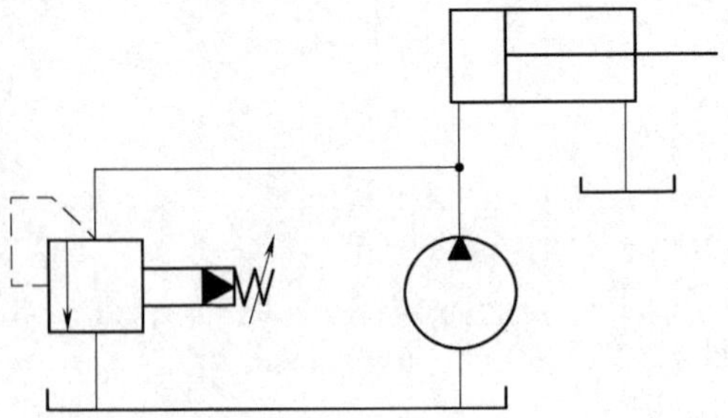

图 6-1　溢流阀的限压回路

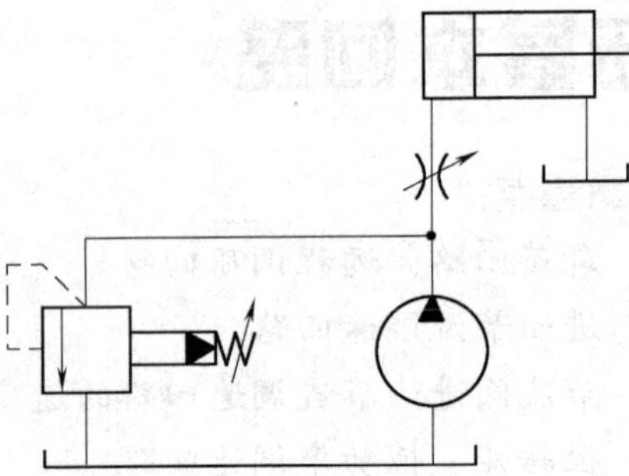

图 6-2　稳压回路

3）调压回路的另一种形式是远程调压回路。如图 6-3 所示，图中阀 1 为主溢流阀，阀 2 为远程调压阀。远程调压阀实际上只是一个单独的先导阀。将它的进油口接在主阀 1 的远程控制口上，并与主阀本身的先导阀并联在一起，两个并联的先导阀控制着同一个主阀，显然只有压力较低的一个起作用，而另一个不起作用。一般在工作中，阀 2 的调定压力要小于阀 1 的调定压力，这就是远程调压的原理。读者尤其要注意，当溢流阀 2 调压时，其溢流量仍通过阀 1 的主阀口，请对照先导式溢流阀的结构原理图来加深理解。

二、减压回路

在液压回路中上串联一个减压阀即构成减压回路，请读者对照减压阀的结构原理图加深理解减压原理，并注意以下几点：

1）经减压阀减压后的回路压力，其大小由负载决定，但最大值为减压阀调定压力。

2）当减压阀出口没有油液流动时（液压缸活塞的运动到位或出口被关死），其出口压力升高并将先导阀打开，主阀芯上的阻尼小孔前后产生压力差，使主阀芯向上移动，将控制口减至最小，这时的压力即为减压阀调定值。

3）当减压阀出口接油箱时，压力为零，主阀芯被弹簧推至最下端，控制口开至最大，减压阀不起减压作用。减压回路也可以实现远程控制和二级减压的作用，其工作原理与远程调压回路和二级调压回路相同。

4）利用节流阀也可以实现减压作用，如图6-4所示的外圆磨床导轨润滑稳定器就是由节流阀组成的。压力油液经固定节流器降压后由溢流阀稳定在某个压力值上向导轨供给润滑油，各处润滑油的流量由可变节流器调节。请读者注意，只有当油路始终处于流通状态时才能实现减压作用。

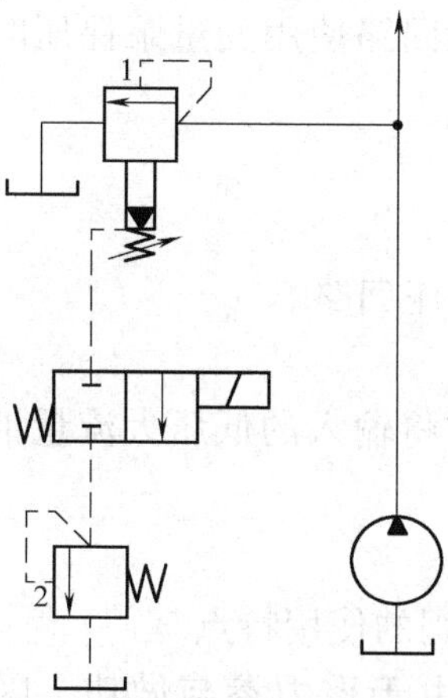

图6-3 远程调压回路

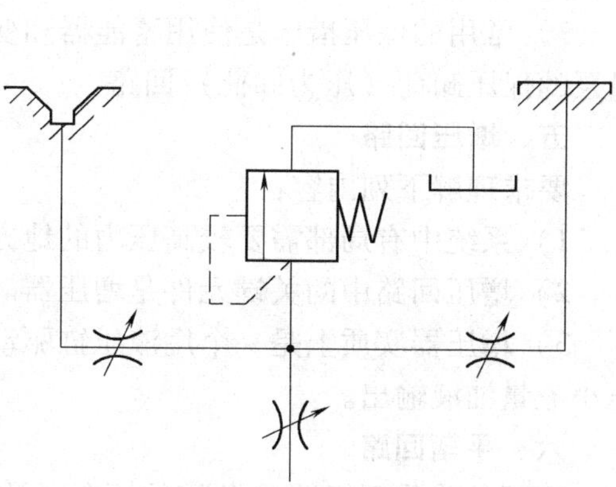

图6-4 外圆磨床导轨润滑稳定器

三、卸荷回路

学习这部分内容时，读者要理解以下几个问题：

1）液压泵无负荷运转即称为卸荷，卸荷包括压力卸荷和流量卸荷两种。

2）卸荷的目的是节省能量，减少液压系统的发热和延长液压泵寿命。

3）卸荷的实质是使液压泵输出的油液尽量无阻力地流回油箱。

4）常用的卸荷方法有：

① 利用三位换向阀的中位机能卸荷，如使用M、H、K型中位机能的换向阀等。

② 用二位二通换向阀旁路卸荷。

③ 使溢流阀的远程控制口接通油箱，通过溢流阀实现卸荷。

读者要注意区分“溢流”和“卸荷”时油液流动情况及系统各处压力情况。并参照图6-5进行分析。

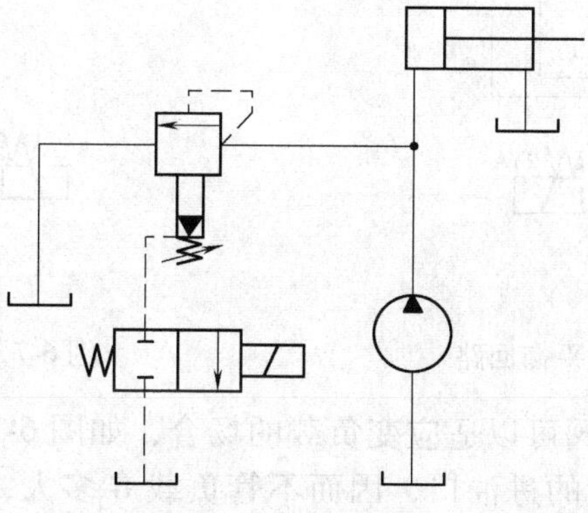

图6-5 卸荷回路

四、保压回路

在这里读者要正确理解以下三点：

1）所谓保压是指液压泵停止供油或卸荷后，回路仍能在一定时间内保持一定的压力。

2）保压的实质性问题是泄漏的补偿，因为系统内各元件都有间隙，各种接头也可能有微小泄漏，因此会有能量损失导致压力下降。采取措施补偿这种损失就是保压。

3）常用的保压措施是使用蓄能器和变量泵。当液压回路使用变量泵保压时常称之为变量泵的保压卸荷（压为卸荷）回路。

五、增压回路

要求理解下列内容：

1）系统中有局部需要较高压力的地方，可设计成增压回路。

2）增压回路中的关键元件是增压器。

3）增压器实质上是一个用液压缸驱动的柱塞泵，它将输入的低压大流量油液转换成高压小流量油液输出。

六、平衡回路

这部分着重理解"平衡"的概念以及两种单向顺序阀的使用特点。

1）对于垂直运动的工作机构，在其下行过程中，由于重力参与做功，因而产生加速度，不能保证机构匀速运动，这称之为"失控"现象。平衡回路就是为克服这种现象而设计的，其基本原理就是利用液压缸产生的背压的液压力来平衡重力。

2）使用自控单向顺序阀即可组成平衡回路，如图 6-6 所示的。当顺序阀的调定压力恰好能支承负荷 G 时，即抵消了重力的作用。这就是所谓"平衡"，下行时便不会产生加速度，并能在任意位置停留（实际上压力要调得稍大一点以克服惯性）。在这种回路中，顺序阀调定压力和 G 值相适应，如果 G 发生变化，需要重新调节顺序阀以获得相适应的调定压力。但是这种方法在实践中是不可取的。因此，这种回路只适合负载不变的场合。

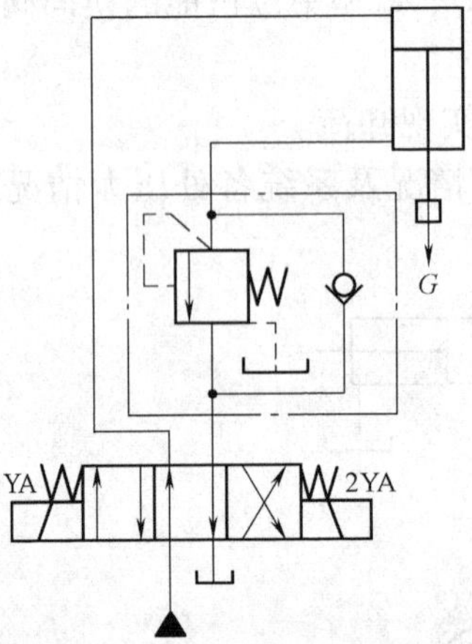

图 6-6　单向顺序阀平衡回路

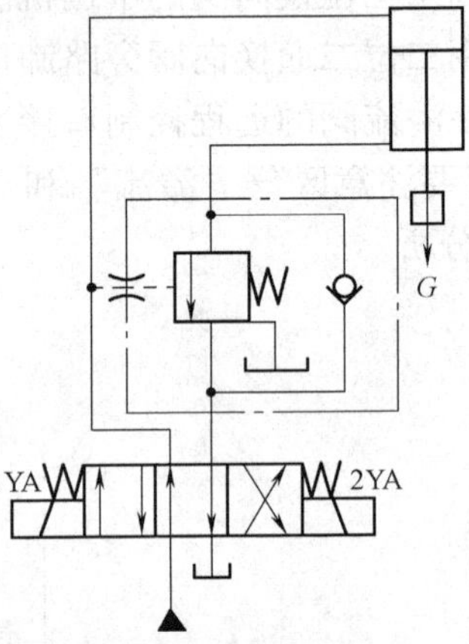

图 6-7　液控顺序阀平衡回路

3）采用液控单向顺序阀可以适应变负载的场合，如图 6-7 所示。在这种情况下，顺序阀的控制压力不是来自本身的进油口，因而不管负载 G 多大，都不会打开。只有在液压缸上腔压力上升到一定值时才能打开顺序阀，使液压缸下行。如果因重力加速度使下行过快时，会使上腔被“吸空”，压力下降，则顺序阀开口变小，使下腔背压增加，抵消重力的向下加速作用，从而保证负载有控制地匀速下降。为保证下降速度稳定，往往在液控顺序阀的液控油路上设置一固定节流口。

4）用于平衡回路的单向顺序阀被称之为平衡阀。平衡阀在汽车液压起重机、大型叉车等机械中占有特殊重要的地位。

第二节 速度控制回路

速度控制是液压传动系统的核心问题，其主要是调速问题和速度换接问题。

一、调速回路

调速回路主要有节流调速和容积调速两种，节流调速主要是用节流阀、调速阀等流量控制阀调节进入液压执行机构压力油液的流量，从而控制其速度；容积调速主要是靠改变液压泵或液压马达的排量（工作容积）来调节速度；将这两种方法组合而成的回路称之为容积节流联合调速。

（一）节流调速

节流调速根据流量控制阀的位置可分为进油节流、回油节流和旁路节流调速三种。

图6-8为进油节流调速回路。请读者注意图6-9所示的回路不能称之为节流调速回路，其理由是，在这个回路中，节流阀实质上只是一个液阻，起了阻碍液压泵输出压力油液流动的作用，使液压泵的出口压力升高，多消耗了能量而已，而进入液压缸的流量仍是液压泵所输出的全部流量（容积效率因素除外），调节阀只是增大或减小泵的出、口压力，流量并没有减小。因此它不能实现调速作用。

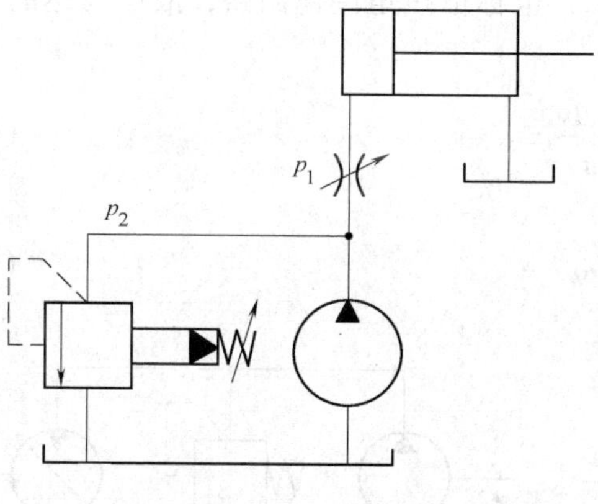

图6-8 进油节流调速回路图

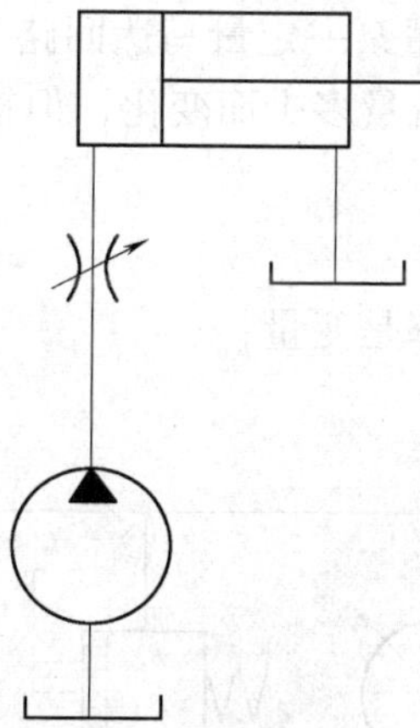

图6-9 节流阀作液阻的回路

如图6-8所示的系统可以实现调速作用，在这里液压泵的出口压力由溢流阀调定，液压缸的工作压力由负载决定，而液压泵的出口压力在工作过程中基本不变。当负载发生变化时，节流阀前后的压力差也随之变化，其输出流量也相应改变；若负载不变，则输出流量也基本不变。调节节流阀的通流面积 A，便可调节通过节流阀的流量 q，从而可以调节液压缸的运动速度，通过改变负载的运动速度来实现调速作用。

使用调速阀同样可以调节液压缸的运动速度，其调节原理与节流阀基本相同。使用调速阀的优点是速度刚性好。在使用节流阀或调速阀调速的回路中，当液压缸以某个速度工作时，负载发生变化，速度是否会受影响？影响的情况如何？这可用速度负载特性来表示。

使用节流阀凋速的速度控制回路，负载对速度的影响明显。速度刚性不好。读者要认真分析三种节流调速回路适用的场合（即速度负载特性较好的场合）。进油、回油节流调速在开度小、负载轻时速度负载特性较好，反之则差；而旁路节流调速则在开度小、重载的情况下速度负载特性较好。而使用调速阀调速，当负载变化时，速度不受影响，刚性好。但读者要注意，在保证能耗小速度刚性好的条件下，调速阀两端的压力差要保持在0.4~0.5MPa，不能小于此值。

三种节流调速方式的性能比较见表6-1。

表6-1　三种节流调速方式的比较

回路形式 / 性能	进油路调速	回油路调速	旁路调速
功率损失	较大	较大	较小
泵工作压力随负载变化	不变	不变	变化
负载情况	不能承受反向负载	可承受反向负载	不能承受反向负载
停止后启动情况	较好	有前冲	有前冲
调速范围	大	较大	小
最低稳度速度	较小	较大	较大

（二）容积调速

这部分要着重了解三种容积调速回路的工作原理和特点。

（1）变量泵—定量马达回路　如图6-10所示，也称恒扭矩调速回路，液压马达的输出转速因输入流量多少而变化，但输出扭矩不变：

$$T = \frac{\Delta p_M q_M}{2\pi} \tag{6-1}$$

输出功率是变量：

$$P = M\omega \tag{6-2}$$

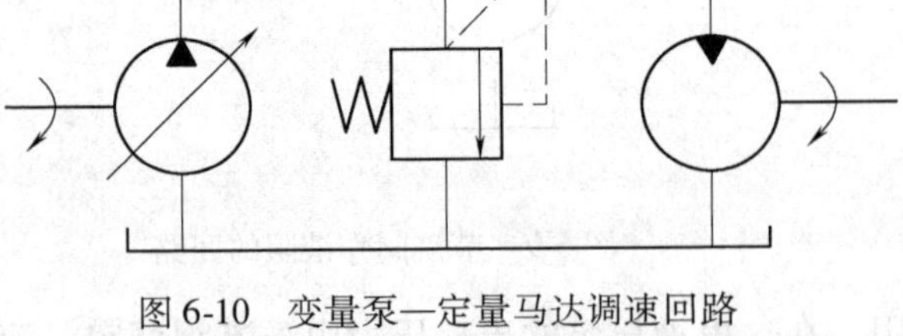

图6-10　变量泵—定量马达调速回路

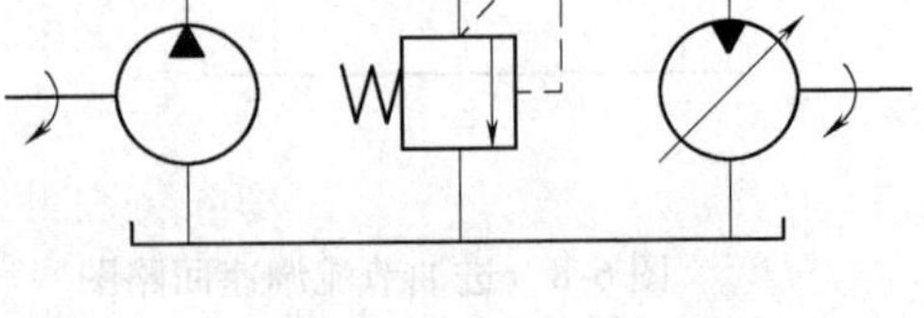

图6-11　定量泵—变量马达调速回路

（2）定量泵—变量马达回路　如图6-11所示，也称恒功率调速回路。液压马达的输出转速因自身排量改变而变化，输出扭矩也随排量变化而变化，但它们的乘积即功率不变。这从液压泵的输出参数来看更加明显，定量泵输出的流量和压力即为输入液压马达的流量和压力，因流量和压力不变，所以功率不变。以上都是不考虑液压泵和液压马达及管路效率的情况。

（3）变量泵—变量马达回路　这种调速回路为前两种调速回路的组合，如图 6-12 所示，在整个系统由低速向高速的调节范围内，先按恒扭矩调速（即将液压泵的排量由最小向最大调，而将液压马达的排量放在最大位置上）；再按恒功率调速（即将液压泵的排量放在最大位置不动，再将液压马达的排量由大向小调）。这样可以克服前两种凋速方法中调速范围较小的缺点，从而获得较大的调速范围。

（三）容积节流联合调速

1）节流调速的低速稳定性较好，但系统效率低，因而仅适用于功率较小的场合；而容积调速的低速稳定性不好，但效率较高。将两者联合后，则可得到较为理想的容积节流联合调速回路，如图 6-13 所示。这种回路的调速过程为：先用调速阀调节液压缸的速度，此即为节流调速，具备节流调速的优点；再将液压泵的流量调至液压缸所需流量亦即刚好能保证调速阀前有恒定压力为止，这就使系统处于最少损失状态，获得了容积调速的优点。每调节一次调速阀，则需再凋节一次变量泵使之相适应，若采用限压式变量泵则能在负载变化时自动进行这种调节，并且可以实现液压泵的输出流量和液压缸流量相等。

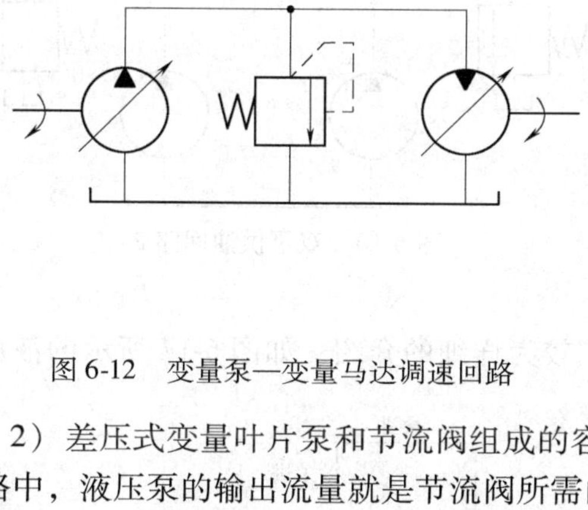

图 6-12　变量泵—变量马达调速回路

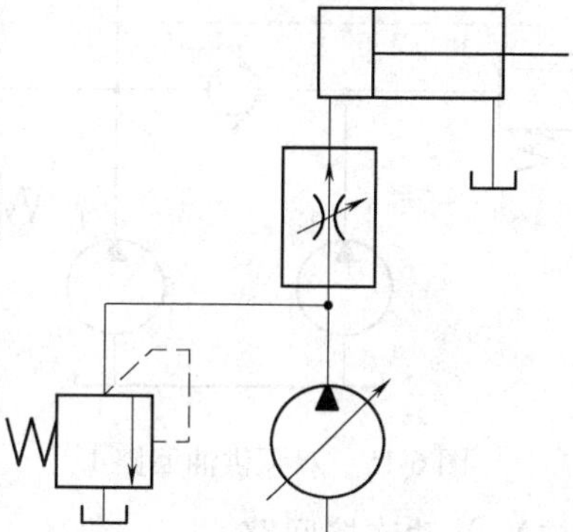

图 6-13　容积节流联合调速回路

2）差压式变量叶片泵和节流阀组成的容积节流联合调速回路，如图 6-14 所示。在这种回路中，液压泵的输出流量就是节流阀所需的流量，没有溢流损失；节流阀前后的压力差就

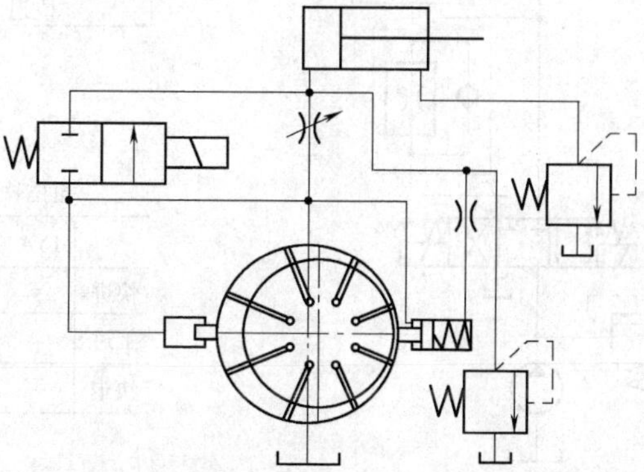

图 6-14　差压式变量叶片泵和节流阀联合调速回路

是液压泵的输出压力。当负载发生变化时，液压泵的输出流量也随之发生变化，使节流阀前后压力差 Δp 保持原值，从而导致液压泵流量也恢复原值，而流量不受负载变化的影响，具有较好的速度刚性。

二、快速运动回路

这部分读者主要要理解设计快速回路的目的和方法。要求读者能设计基本的快速回路。设计快速回路的目的是为了在工作过程中缩短辅助工时，同时在最有利于节省功率的条件下，使系统既能符合低压大流量的要求，又能满足高压小流量的需要。常用的快速运动回路有双泵供油回路、差动连接回路和蓄能器辅助供油回路三种。

（一）双泵供油回路

用一个低压大流量液压泵和一个高压小流量液压泵联合（双联泵）组成快速运动回路，如图 6-15 所示。注意：阀 3 在达到一定的压力而打开时，泵 2 的出口压力是数值极小（0.2MPa 以下）的卸荷状态。

如图 6-16 所示的系统也能实现双泵共同供油的目的，但是液压泵 2 只能在压力达到一定值后经阀 3 溢流而不是卸荷，因而能量损失较大。请读者比较它们的异同之处并加以理解。

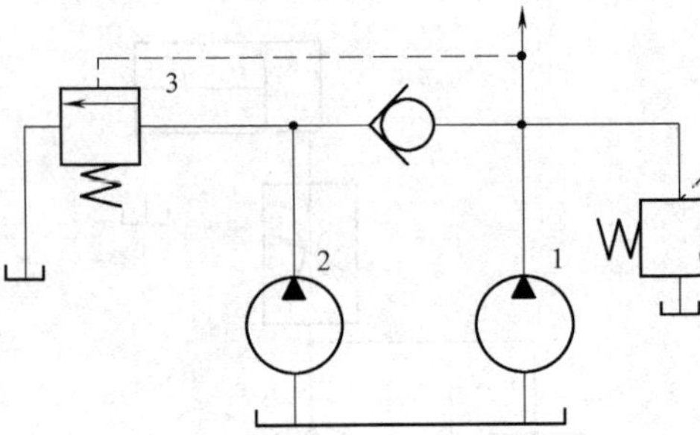

图 6-15　双泵供油回路 1

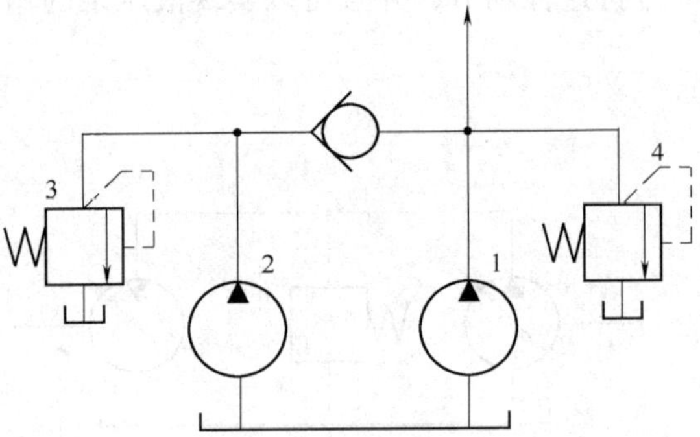

图 6-16　双泵供油回路 2

（二）差动连接回路

液压缸的差动连接回路在第三章中已经作了较为详细的介绍，如图 6-17 所示的液压系

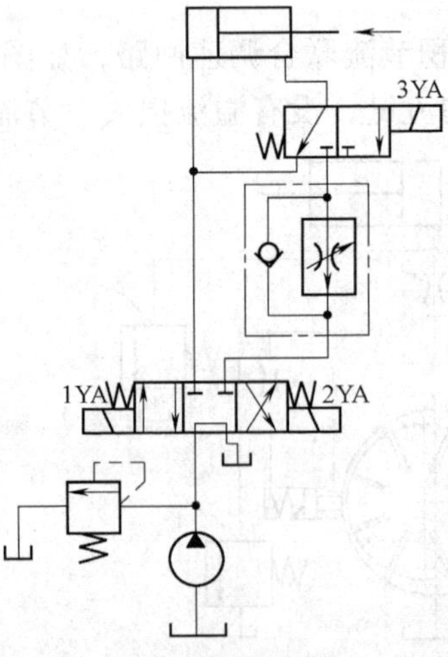

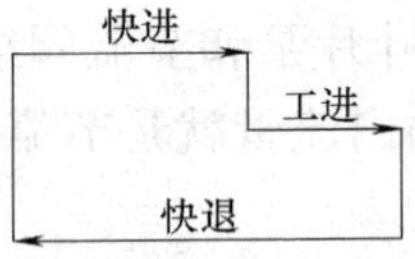

电磁铁动作表

	1YA	2YA	3YA
快进	+	−	−
工进	+	−	+
快退	−	+	+

图 6-17　差动连接回路

统，快进时为差动连接回路。这种回路的优点是简单、可靠，但在速度换接时不平稳。

（三）蓄能器辅助供油回路

采用蓄能器辅助供油的快速回路只适用于很短时间内需要很大流量的场合，如注塑机、压铸机的快压射过程等。

可以采用蓄能器同时实现保压卸荷和快速运动，并兼有吸振作用。

三、速度换接回路

一个工作机构一般都有几种设定的工作速度。从一种速度到另一种速度的转换就是速度换接。速度换接可以是有级的也可以是无级的，而最常用的是有级换接。其原因是实现自动无级调速并达到精确的调定速度比较困难，不如自动循环的速度有级换接效率高，并较易于达到精确的调定速度。由于在速度有级换接的条件下，各档次的工作速度都已预先调好，因此对换接的主要要求就是平稳性。速度换接的方法很多。要求读者着重掌握以下几种。

（一）用电磁阀的速度换接回路

图 6-18、图 6-19 分别为用二位二通电磁阀和二位三通电磁阀的速度换接回路。

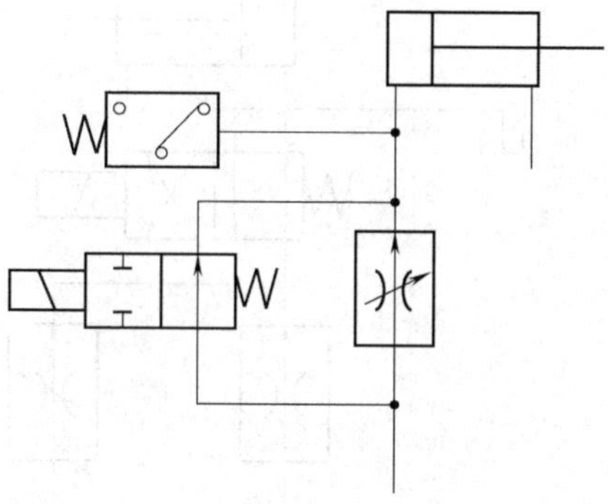

图 6-18　二位二通阀控制的速度换接回路图

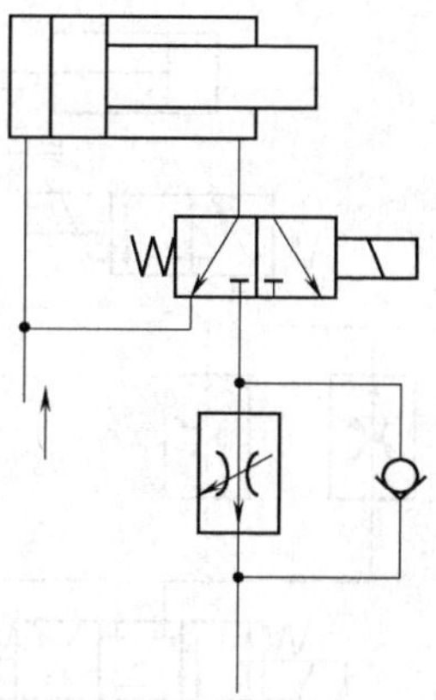

图 6-19　二位三通阀控制的速度换接回路

（二）压力控制的速度换接回路

图 6-20 为双泵供油回路，当系统压力较低时，双液压泵同时向系统供油，负载的工作速度由慢变快，而当系统压力上升时，液压泵 2 卸荷，此时由液压泵 1 单独向系统供油，负载的工作速度由快变慢。

（三）用行程阀的速度换接回路

图 6-21 为采用行程阀的速度换接回路。这种速度换接回路在速度换接过程中比较平稳，并且可以采用适当修整行程挡块的办法来调速换接时间，这种换接回路在组合机床的设计中被广泛应用。

（四）用特殊结构液压缸的速度换接回路

这种回路只适合专门需要，且行程不能调节，请读者注意。

（五）两种进给速度的换接方法

两种进给速度的转换在速度较慢、速度梯度小的情况下一般采用电磁阀换接。图 6-22，图 6-23 所示的为并联调速阀的二次进给回路；也可以采用调速阀串联的方式来实现二次进给，但此时，后一个调速阀所控制的流量要小于前一个阀控制的流量。

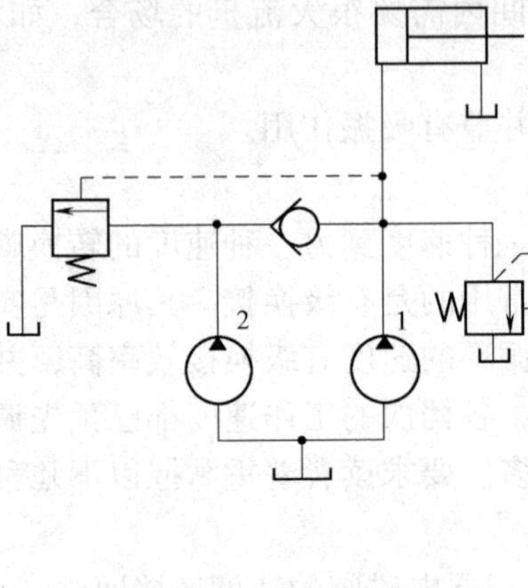

图 6-20 双泵供油回路

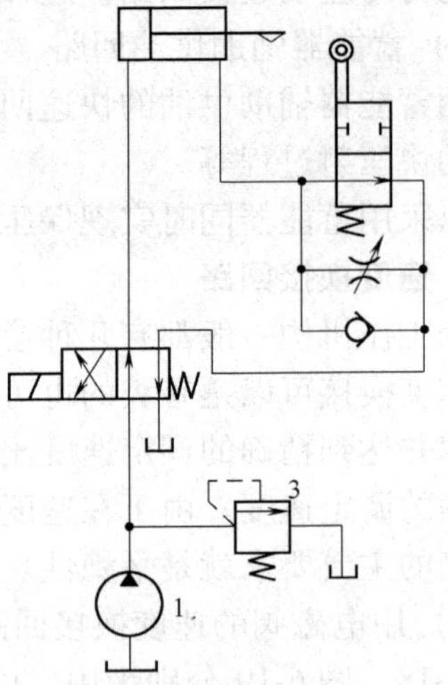

图 6-21 行程阀控制的速度换接回路

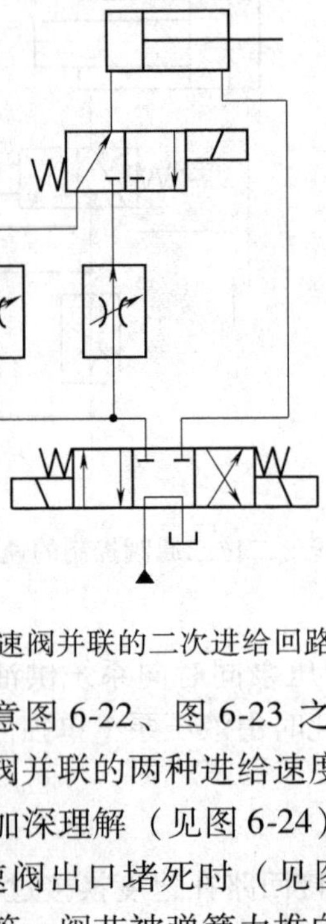

图 6-22 调速阀并联的二次进给回路（一）

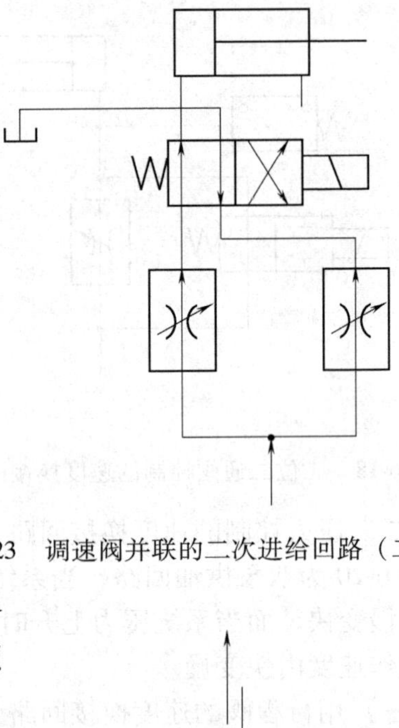

图 6-23 调速阀并联的二次进给回路（二）

请读者注意图 6-22、图 6-23 之间的区别，这两个回路同为调速阀并联的两种进给速度换接回路，请对照调速阀的结构加深理解（见图 6-24）。

1）把调速阀出口堵死时（见图 6-22），阀内各点油液压力都相等，阀芯被弹簧力推向左边，减压阀阀口开至最大，这种状态下突然变换进给速度的一瞬间，阀芯两端压力差较大，油液大量流过，使工作部件突然前冲。

2）把调速阀出口接油箱时（见图 6-23），节流阀出口压力为零，减压阀阀芯弹簧腔液压力为零，阀芯被油液推向右边，阀口关至最小，这种情况下突然接通，阀芯慢慢开启，因而不会造成前冲。

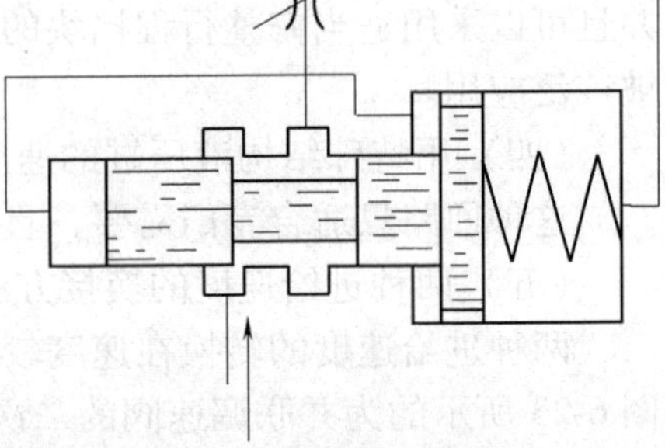

图 6-24 调速阀结构示意图

第三节　方向控制回路

方向控制包括单向锁紧和换向两种情况。

本节要求读者掌握并学会一般液控单向阀的锁紧回路和二位二通换向阀、二位三通换向阀、三位五通换向阀的换向回路的设计方法，较深理解时间制动换向和行程制动换向的工作原理和特点。

一、采用各种换向阀可以组成各种换向回路

在液压传动系统中，对换向回路的基本要求是：动作可靠、灵敏、平稳、具有恰当的换向精度。

（1）手动控制换向回路的特点　手动控制换向回路直观感觉较强，操作方便、可靠，并可适当地控制换向阀阀口开度以达到一定的节流效果，并兼有节流控制的功能，这一特点在工程机械中被广泛采用。

（2）电磁控制换向回路的特点　电磁控制换向回路反应迅速，并可利用电气线路实现自动工作循环，因此适用于动作较多且需自动化控制的场合，尤其在机床制造行业应用最广。

（3）电液换向回路的特点　电液动控制集电磁控制和液动控制为一体，符合大功率场合的自动控制要求，并克服了电磁换向冲击性较大的缺点，有可调整的缓冲机构，换向时间可调，换向平稳。但请读者注意，电液动换向回路中，一定要保证控制压力油具有一定的压力，否则不能动作。为此可以单独设置控制油源，也可以与主油路共用油源。但在共用油源时要采取可靠措施保证满足这一要求，特别是当液动阀为三位换向阀且中位卸荷时更要注意。解决的方法一般是在中位卸荷时在回油路上设置背压，以保证液压泵的输出油液具有0.5～0.7MPa的压力。

二、机液动换向回路

机液动换向回路被广泛地用于各种磨床的液压传动系统中，它可以达到较高的换向精度。机液动换向回路的换向过程一般有减速、制动阶段、端点停留阶段和反向启动、加速阶段。

一般的机液动联合控制换向的换向回路中，根据减速、制动阶段的制动工作原理，可分为时间控制制动和行程控制制动两种。

（1）时间控制制动的特点　在平面磨床的工作台换向回路中采用了时间控制制动，它的特点是：不管工作台原先的速度如何，从工作台挡铁碰到换向杠杆，发出换向讯号，到工作台减速、制动完毕，这一过程所用的时间是一定的。但是这种换向方式由于时间是控制参数，对于原先速度较快的工作台，冲量就较大，反之则小，因而换向精度不高，它一般用于对换向精度要求不高，但换向频率高的液压系统中。

（2）行程控制制动的特点　与时间控制制动相比，行程控制制动的特点是：不管工作台原先的速度如何，从工作台挡铁碰到换向杠杆，发出换向讯号，到工作台减速、制动完毕，工作台走过的行程总是一定的。它与时间控制制动相比，最大异处是换向阀的回油路经由先导阀再经节流阀回油箱。即先导阀不仅具有控制换向阀换向的功能，而且参与制动，因而可以达到较高的换向精度。但是由于制动行程是控制参数，当工作台原先的运动速度较大时，制动时间就短，平稳性就差。因此，它不适合于工作速度快、换向频率高的系统。

请读者注意前文中所述的换向精度主要指同速或异速换向时换向点的位置重复精度。

第四节　多缸配合动作回路

有两个以上执行机构的回路，都有相互配合的工作问题，或者同步，或有先后顺序，或者各自独立、互不干扰。

本节要求读者理解并掌握顺序回路、同步回路的工作原理，且能设计一般的顺序回路和同步回路；理解同步回路的补偿措施；掌握互不干扰回路的设计要点，并能够设计一般的互不干扰回路。

一、顺序回路

顺序回路要求能自动完成规定的顺序动作循环。可以是单循环回路，也可以是一旦启动后，只要不按停止键便会连续完成任意个循环动作的多循环回路。顺序回路主要有压力控制和行程控制两种。

（一）压力控制的顺序回路

压力控制顺序动作的原理是：第一个动作完成后，系统压力升高，由这个压力作讯号，打开下一个动作的通路，实现第二个动作。直接利用压力讯号打开系统通路的是顺序阀，间接利用压力讯号，即先用压力讯号打开电气开关，然后用电气元件打开系统通路的是压力继电器。

1）用压力继电器控制的顺序回路。如图 6-25 所示的液压系统即为用压力继电器控制的顺序回路。在该系统中当液压缸Ⅰ运动到右端后，压力升高，使压力继电器工作，给 2YA 通电；2YA 动作后，电磁阀换向，液压缸Ⅱ开始运动。

请读者注意：压力继电器的工作压力要比液压缸Ⅰ的额定工作压力高 0.3～0.5MPa，这样可避免液压缸尚未到位误发讯号。因为在减压阀的作用下，减压阀后管路压力不可能超过减压阀的调定压力，所以此时压力继电器的工作压力又应比减压阀的调定压力小 0.3～0.5MPa。

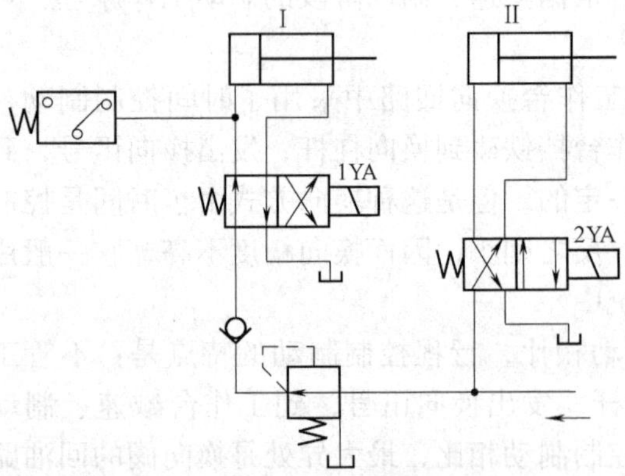

图 6-25　压力继电器控制的顺序回路

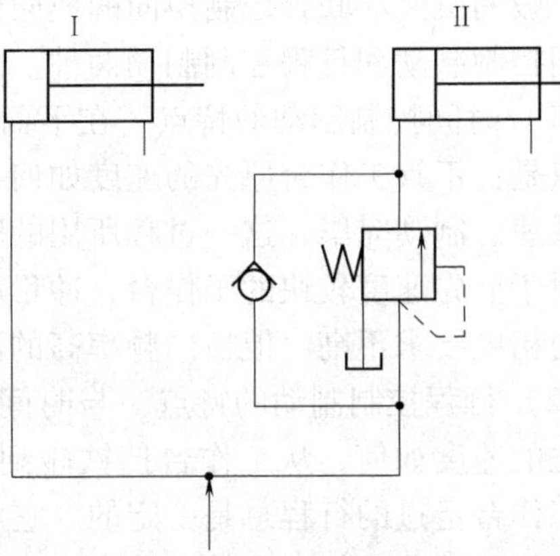

图 6-26　顺序阀控制的顺序回路

2）用顺序阀控制的顺序回路，如图 6-26 所示，当液压缸Ⅰ运动到右端后，压力升高，打开顺序阀，使液压缸Ⅱ动作，因单向阀是专为反向回油设置的，也可使用单向顺序阀。在这种系统中，为避免压力波动引起误动作。一般顺序阀的调定压力要比液压缸Ⅰ的工作压力约高 0.8～1.0MPa，请读者注意。

（二）行程控制的顺序回路

所谓行程控制即当第一个液压缸走完一段行程后，第二个液压缸才开始动作。行程控制有三种方式：用电气行程开关控制，用行程阀控制，用特殊结构的液压缸控制。

用行程控制的顺序回路动作可靠，位置精度较高且可以方便地变更液压缸的动作行程和动作顺序，因而在机床行业得到广泛的应用。而用压力继电器控制的顺序回路结构简单，机床上常用于定位与夹紧动作的顺序控制。其缺点是动作可靠性较差，因为有许多原因会使液压系统压力升高或波动，容易使压力继电器或顺序阀误动作。

除了压力控制、行程控制顺序动作外，尚有采用延时阀和时间继电器等组成的时间控制顺序回路。

二、同步回路

两个以上的工作机构，在运动中或运动末了时位移相等，称位置同步。采用液压缸并联如图 6-27 所示或串联如图 6-28 所示等方式组成液压传动系统回路，可以实现同步要求。

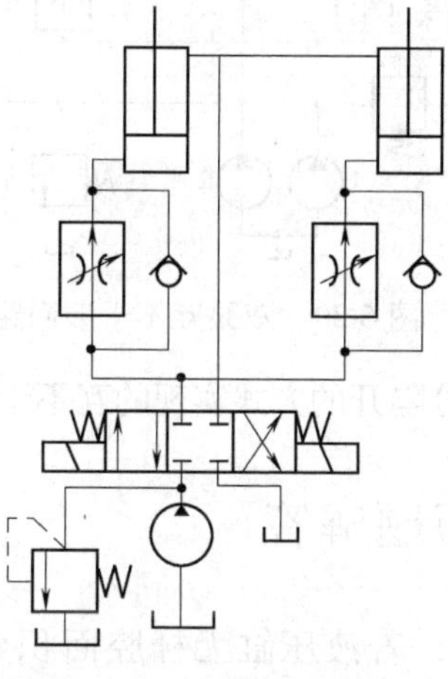

图 6-27 并联缸同步回路

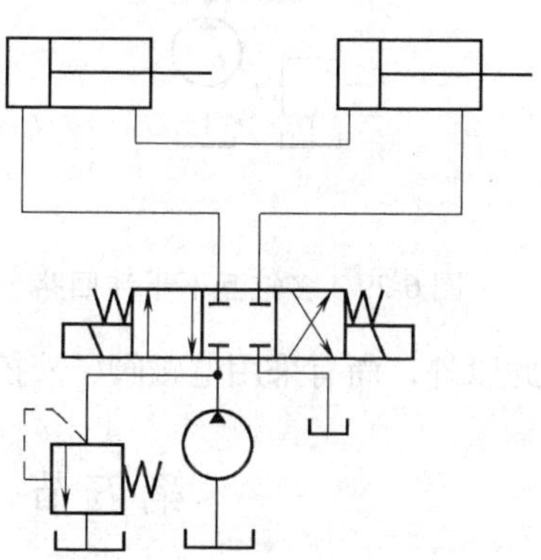

图 6-28 串联缸同步回路

请读者注意以下几点：

1）同步同路都存在精度问题，很难达到严格同步。要求同步精度高的系统，要采取补偿措施以消除因泄漏、加工误差以及压力波动等因素造成的影响。采用比例调速、同步缸、分流集流阀等可以获得较高精度的同步回路。

2）并联液压缸的同步回路中两个液压缸的有效工作面积可以不相等，由调速阀分配所需流量以达到同步。

3）串联液压缸如果有效工作面积不相等，能实现同时开始和同时停止动作，但不是同步，若要同步，两缸有效工作面积必须相等。

4）并联液压缸的同步回路调速阀之前的压力是恒定的，各个调速阀之后的压力由各液压缸的具体负载决定。

5）串联液压缸的同步回路各液压缸的工作压力，除了工作负载产生的部分外，尤其不能忘记还有背压也是它的负载。因此，液压泵的工作压力就是第一缸的工作压力。

三、多缸快慢速互不干涉回路

多缸快慢速互不干涉同路，实质上是一个液压缸要求高压，另一个液压缸要求低压的问题。由此可见，互不干涉问题的关键是将高低压区隔开。如图 6-29 所示。各液压缸可以有各自的负载和速度，即互不干涉。并联的节流调速回路就是互不干涉回路。调速阀起分隔作用。为了节省能量，在上述回路基础上采用双泵供油方式，就可实现双泵互不干涉回路。如图 6-30 所示。请读者注意，这里的低压大流量液压泵不能采用卸荷的方式而只能采用低压溢流的方式。流量阀 1、2 起分隔作用，3、4 起调速作用。

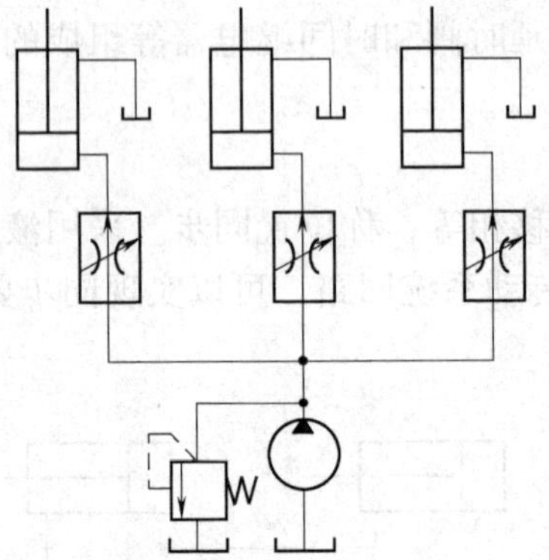

图 6-29　多缸互不干涉回路

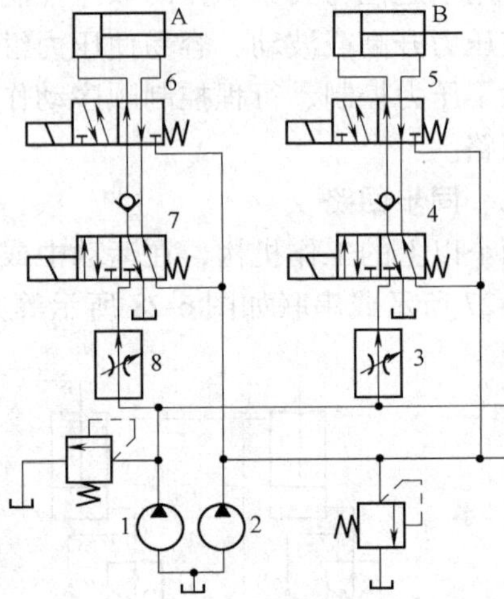

图 6-30　双泵互不干涉回路

除此以外，尚有采用电磁阀、液控单向阀等将各回路分隔开的方式实现的互不干涉回路。

第五节　例题与部分习题解答

例 6-1（习题 6-3）　如图 6-31 所示的平衡回路中，若液压缸无杆腔面积为 $A_1=80\times 10^{-4}\text{m}^2$，有杆腔面积 $A_2=40\times10^{-4}\text{m}^2$，活塞与运动部件自重 $G=6000\text{N}$，运动时活塞上的摩擦力为 $F_f=2000\text{N}$，向下运动时要克服负载阻力为 $F_L=24000\text{N}$，试问顺序阀和溢流阀的最小调整压力应各为多少？

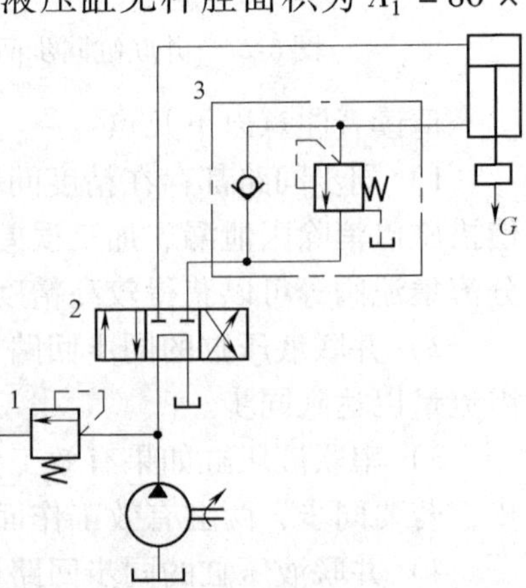

图 6-31　平衡回路

解：1）防止活塞及运动部件下滑所需的背压 p_2 为

$$p_2=\frac{G}{A_2}=\frac{6000}{40\times10^{-4}}\times10^{-6}\text{MPa}=1.5\text{MPa}$$

故顺序阀的最小调整压力 $p_X>p_2=1.5\text{MPa}$。

2）设活塞及运动部件向下运动所需的液压缸上腔压力为 p_1，则

$$p_1A_1=p_2A_2+F_f-G+F_L$$

$$p_1 = \frac{A_2}{A_1}p_2 + \frac{F_f - G + F_L}{A_1}$$

$$= \left(\frac{40 \times 10^{-4}}{80 \times 10^{-4}} \times 1.5 + \frac{2000 - 6000 + 24000}{80 \times 10^{-4}} \times 10^{-6}\right)\text{MPa} = 3.25\text{MPa}$$

所以，溢流阀的最小调整压力 $p_Y > p_1 = 3.25\text{MPa}$。

例 6-2　如图 6-31 所示的平衡回路，已知液压缸活塞直径 $D = 100\text{mm}$，活塞杆直径为 $d = 70\text{mm}$，活塞及负载总重 $G = 16 \times 10^3\text{N}$，提升时，要求在 0.1s 时间之内均匀达到上升速度 6m/min，试确定溢流阀和顺序阀的调定压力。

解：1）求解顺序阀调定压力。图示是内控式顺序阀的平衡回路。顺序阀的调定压力 p_x 应等于因负载的重量而产生的压力。即 $p_X A_2 = G$

则有：$p_X = \dfrac{G}{A_2} = \dfrac{4 \times G}{\pi(D^2 - d^2)} = \dfrac{4 \times 16 \times 10^3}{\pi(100^2 - 70^2) \times 10^6}\text{N/m}^2 = 4.0 \times 10^6\text{N/m}^2 = 4.0\text{MPa}$

2）求解溢流阀的调定压力。溢流阀调定压力即为液压缸提升负载时所需的工作压力，请读者特别注意，这里液压缸不仅提升重物，而且还要在 0.1s 内达到 6m/min 的上升速度，还有一个惯性力。若考虑管路的损失则溢流阀调定压力 p_y 应为：

$$p_Y > \frac{G}{A_3} + \frac{F_{惯}}{A_2} = \frac{4 \times G}{\pi(D^2 - d^2)} + \frac{4\dfrac{G}{g} \cdot \dfrac{\Delta v}{\Delta t}}{\pi(D^2 - d^2)}$$

$$= \left(\frac{4 \times 16 \times 10^3}{\pi(100^2 - 70^2) \times 10^{-6}} + \frac{4 \times 16 \times 10^3 \times \dfrac{6}{0.1 \times 60}}{9.8 \times \pi \times (100^2 - 70^2) \times 10^{-6}}\right)\text{N/m}^2$$

$$= 4.4 \times 10^6\text{N/m}^2 = 4.4\text{MPa}$$

例 6-3　如图 6-32 所示液压系统，溢流阀调定压力为 5MPa，减压阀调定压为 1.5MPa，试分析活塞运动期间和碰到挡铁后，系统中 A、B 两点压力的变化情况。

解：活塞运动期间，只需克服摩擦力，故油压很低。如果不计任何损失，压力为零。减压阀阀口全开，不起减压作用。A、B 两点压力相同，都为零或某一低压值。

当活塞碰到挡铁后，压力升高，当压力达到减压阀调定值 1.5MPa 后，减压阀控制口处于最小状态。B 点压力保持 1.5MPa。A 点压力由溢流阀调定为 5MPa。

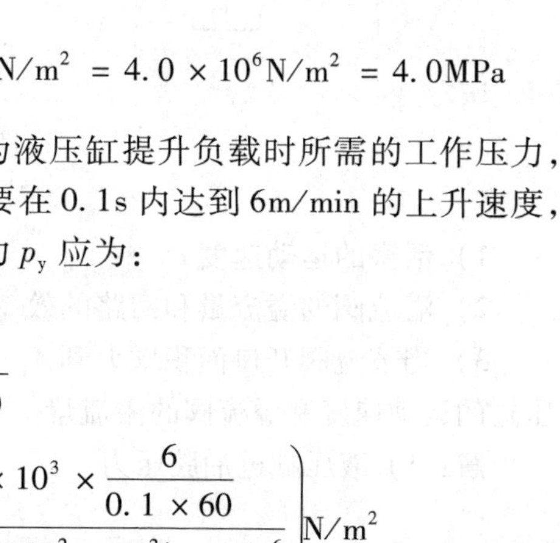

图 6-32　例 6-3 示意图

例 6-4（习题 6-5）　如图 6-33a 所示的进油节流调速回路，已知液压泵的供油流量 $q_r = 6\text{L/min}$，溢流阀调定压力 $p_p = 3.0\text{MPa}$，液压缸无杆腔面积 $A_T = 20 \times 10^{-4}\text{m}^2$，负载 $F = 4000\text{N}$，节流阀为薄壁孔口，开口面积为 $A_T = 0.01 \times 10^{-4}\text{m}^2$，$C_d = 0.62$，$\rho = 900\text{kg/m}^2$，试求：

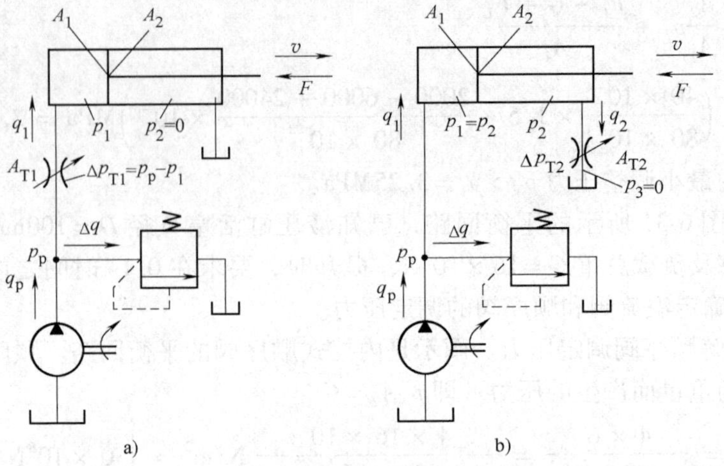

图 6-33　节流调速回路

a）进油节流　b）回油节流

1）活塞的运动速度 v。

2）溢流阀的溢流量和回路的效率。

3）当节流阀开口面积增大到 $A_{T1}=0.03\times10^{-4}\text{m}^2$ 和 $A_{T2}=0.05\times10^{-4}\text{m}^2$ 时，分别计算液压缸的运动速度和溢流阀的溢流量。

解：1）液压缸进油腔压力

$$p_1=\frac{F}{A_1}=\frac{4000}{20\times10^{-4}}\times10^{-6}\text{MPa}=2\text{MPa}$$

$$q_1=C_dA_T\sqrt{\frac{2\Delta p}{\rho}}=0.62\times0.01\times10^{-4}\times\sqrt{2\times(3-2)\times10^6/900}\text{m}^3/\text{s}=2.92\times10^{-5}\text{m}^3/\text{s}$$

所以活塞运动速度

$$v=\frac{q_1}{A_1}=\frac{2.92\times10^{-5}}{20\times10^{-4}}\text{m/s}=14.6\times10^{-3}\text{m/s}$$

2）溢流阀的溢流量

$$q_Y=q_p-q_1=(6\times10^{-3}/60-2.92\times10^{-5})\text{m}^3/\text{s}=0.708\times10^{-4}\text{m}^3/\text{s}$$

回路效率

$$\eta_C=\frac{F_v}{p_pq_p}=\frac{4000\times14.6\times10^{-3}}{3\times10^6\times6\times10^{-3}/60}\times100\%=19.5\%$$

3）当 $A_{T1}=0.03\times10^{-4}\text{m}^2$ 时，$q_{J1}=3q_1=8.76\times10^{-5}\text{m}^3/\text{s}$

$$v=\frac{q_{J1}}{A_1}=3\times14.6\times10^{-3}\text{m/s}=43.8\times10^{-3}\text{m/s}$$

$$q_Y=q_p-q_{J1}=(6\times10^{-3}/60-8.76\times10^{-5})\text{m}^3/\text{s}=0.124\times10^{-4}\text{m}^3/\text{s}$$

当 $A_{T2}=0.05\times10^{-4}\text{m}^2$ 时，$q_{J2}=5q_1=14.6\times10^{-5}\text{m}^3/\text{s}=8.76\text{L/min}>q_p$，故通过节流阀的实际流量为 $q_{J2}=q_p=6\text{L/min}$，所以

$$v = \frac{q_p}{A_1} = \frac{6 \times 10^{-3}/60}{20 \times 10^{-4}} \text{m/s} = 50 \times 10^{-3} \text{m/s}$$

而 $q_Y = 0$。

例 6-5（习题 6-4）　如图 6-33b 所示的回油节流调速回路，已知液压泵的供油量 $q_p = 25\text{L/min}$，负载 $F = 40000\text{N}$，溢流阀调定压力 $P_p = 5.4\text{MPa}$，液压缸无杆腔面积 $A_1 = 80 \times 10^{-4}\text{m}^2$，有杆腔面积 $A_2 = 40 \times 10^{-4}\text{m}^2$，液压缸工进速度 $v = 0.18\text{m/min}$，不考虑管路损失和液压缸的摩擦损失，试计算：

1）液压缸工进时液压系统的效率。

2）当负载 $F = 0$ 时，活塞的运动速度和回油的压力。

解：1）液压缸工进行时，$p_1A_1 = p_2A_2 + F$，故

$$p_2 = \frac{A_1}{A_2}p_1 - \frac{F}{A_2} = \left(\frac{80 \times 10^{-4}}{40 \times 10^{-4}} \times 5.4 - \frac{40000}{40 \times 10^{-4}} \times 10^{-6}\right)\text{MPa} = 0.8\text{MPa}$$

工进时液压系统效率 $\eta_c = \dfrac{Fv}{p_P q_P} = \dfrac{40000 \times 0.18/60}{5.4 \times 10^6 \times 25 \times 10^{-3}/60} \times 100\% = 5.33\%$

2）当 $F = 40000\text{N}$ 时，$q_2 = A_2 v = 40 \times 10^{-4} \times 0.18\text{m}^3/\text{min} = 7.2 \times 10^{-4}\text{m}^3/\text{min}$

所以 $A_T = \dfrac{q_2}{C_d\sqrt{\dfrac{\rho}{2p_2}}} = \dfrac{7.2 \times 10^{-4}/60}{0.62} \times \sqrt{\dfrac{900}{2 \times 0.8 \times 10^6}}\text{m}^2 = 4.59 \times 10^{-7}\text{m}^2$

当 $F = 0$ 时，$A_1p_1 = A_2p_2'$

$$p_2' = \frac{A_1}{A_2}p_1 = \frac{80 \times 10^{-4}}{40 \times 10^{-4}} \times 5.4\text{MPa} = 10.8\text{MPa}$$

此时通过节流阀的流量为

$$q_2' = C_d A_T \sqrt{\frac{2p_2'}{\rho}} = 0.62 \times 4.59 \times 10^{-7} \times \sqrt{\frac{2 \times 10.8 \times 10^6}{900}}\text{m}^3/\text{s} = 0.44 \times 10^{-4}\text{m}^3/\text{s}$$

因此 $F = 0$ 是活塞运动速度

$$v' = \frac{q_2'}{A_2} = \frac{0.44 \times 10^{-4}}{40 \times 10^{-4}} \times 60\text{m/min} = 0.66\text{m/min}$$

回油腔压力为 $p_2' = 10.8\text{MPa}$。

例 6-6（习题 6-6）　在图 6-34 所示的调速阀节流调速回路中，已知 $q_p = 25\text{L/min}$，$A_1 = 100 \times 10^{-4}\text{m}^2$，$A_2 = 50 \times 10^{-4}\text{m}^2$，$F$ 由 0 增至 30000N 时活塞向右移动速度基本无变化，$v = 0.2\text{m/min}$，若调速阀要求的最小压差 $\Delta p_{min} = 0.5\text{MPa}$，试求：

1）不计调压偏差时溢流阀调整压力 p_Y 是多少？液压泵的工作压力是多少？

2）液压缸可能达到的最高工作压力是多少？

3）回路的最高效率为多少？

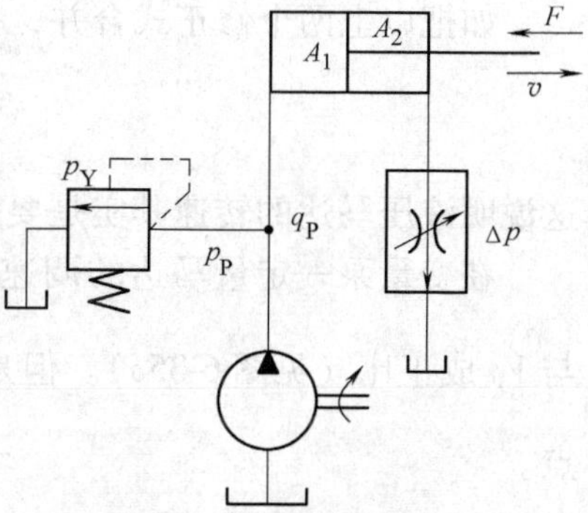

图 6-34　调速回路

解：1）溢流阀应保证回路在 $F = F_{max} = 30000\text{N}$ 时仍能正常工作，根据液压缸受力平衡式

$$p_Y A_1 = p_2 A_2 + F_{max} = \Delta p_{min} A_2 + F_{max}$$

得　　$$p_Y=\left(0.5\times10^6\times\frac{50}{10^4}+30000\right)/(100\times10^{-4})\text{Pa}=3.25\text{MPa}$$

进入液压缸大腔的流量 $q_1=A_1v=100\times10^{-4}\times0.2\times10^3\text{L/min}=2\text{L/min}\ll q_p$，溢流阀处于正常溢流状态，所以液压泵的工作压力 $p_P=p_Y=3.25\text{MPa}$。

2）当 $F=F_{min}=0$ 时，液压缸小腔中压力达到最大值，由液压缸受力平衡式 $p_YA_1=p_{2max}A_2$ 得

$$p_{2max}=\frac{A_1}{A_2}p_Y=\frac{100}{50}\times3.25\text{MPa}=6.5\text{MPa}$$

3）$F=F_{max}=30000\text{N}$，回路的效率最高

$$\eta=\frac{Fv}{p_Pq_P}=\frac{30000\times\frac{2}{10}}{3.25\times10^6\times\frac{25}{10^3}}\times100\%=7.4\%$$

注：由于溢流阀的调整压力须由最大负载和调速阀正常工作所需的最小压差确定。负载消失时，大腔压力全部作用在调速阀上，使小腔压力急剧加大，这是出口节流调速回路的特点，它有利于承受负向负载，但不利于密封。

例 6-7　试说明泄漏和摩擦损失对容积调速回路输出速度的影响。

解：液压马达的理论转速应为　$n_M=\dfrac{q_1}{V_M}$

在考虑泄漏损失后，修正为 $n_m=\dfrac{q_1-k_1p}{V_M}$

式中　k_1——回路的总泄漏系数。

液压马达的理论转矩应为　　$T_M=\dfrac{pV_M}{2\pi}$

在考虑了摩擦损失后，修正为 $T_M=\dfrac{pV_M}{2\pi}-k_Tn_M$，故有

$$p=\frac{2\pi(T_M+k_Tn_M)}{V_M}$$

式中　k_T——转矩损失系数。

如把以上两个修正式合并，并略去微小项后，得

$$n_M\approx\frac{V_Pn_P}{V_M}-\frac{2\pi k_1T_M}{V_M^2}$$

这说明液压马达的转速其实是要受到负载影响的。

在变量泵—定量马达的调速回路中，由于 n_P，V_M 都是恒量，所以在一定的 T_M 下，n_M 与 V_P 成正比（见图 6-35a）。但是，在 $V_P\leqslant\dfrac{2\pi k_1T_M}{n_PV_M}$处，$n_M=0$，即 V_p-n_M 曲线不通过坐标原点。

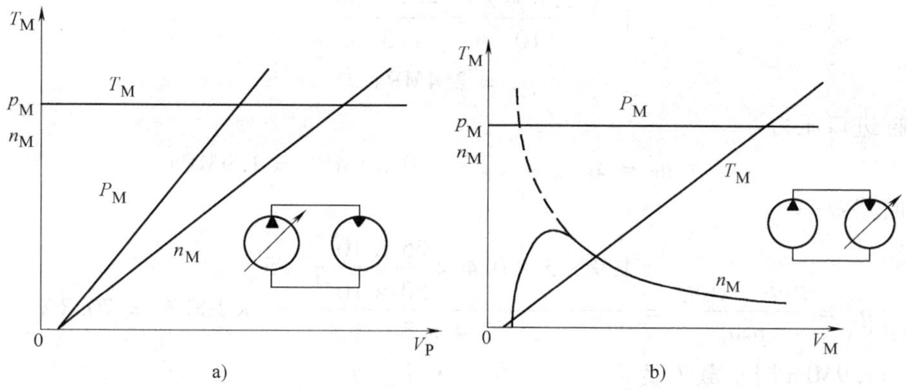

图 6-35　工作特性图

a）变量泵—定量马达式容积调速回路的工作特性

b）定量泵—变量马达式容积调速回路的工作特性

在定量泵—变量马达的调速回路中，n_P，V_M 都是恒量，在一定的 T_M 值下，n_M 与 V_M 成二次曲线关系（不考虑摩擦损失时则成反比关系），并在 $V_M=\dfrac{4\pi k_1 T_M}{n_P V_P}$处，有 $n_{M\max}=\dfrac{n_p^2 V_M^2}{8\pi k_1 T_M}$；在 $V_M=\dfrac{2\pi k_1 T_M}{n_P V_P}$处有 $n_M=0$（见图 6-35b），亦即是 V_M-n_M 曲线不会随着 V_M 的减小而无限上升。

注：在容积调速回路中，回路的工作压力依然是由负载确定的，但是它不能超过回路中安全阀的调整值。这是分析这种调速回路的一个基本出发点。恒转矩回路（变量泵—定量马达回路）是带不动一个所需转矩会使 $p>p_Y$ 的外负载的；恒定率回路（定量泵—变量马达回路）亦是带不动一个所需功率回使 $p>p_Y$ 的外负载的。

例 6-8　如图 6-36 所示的限压式变量泵和调速阀的容积节流调速回路，若变量的拐点坐标为（2MPa，10L/min），且在 $p_P=2.8\text{MPa}$ 时，$q_P=0$，液压缸无杆腔面积 $A_1=50\times10^{-4}\text{m}^2$，有杆腔面积 $A_2=25\times10^{-4}\text{m}^2$，调速阀的最小工作压差为 0.5MPa，背压阀调压值为 0.4MPa，试求：

1）在调速阀通过 $q_1=5\text{L/min}$ 的流量时，回路的效率为多少？

2）若 q_1 不变，负载减小 4/5 时，回路效率为多少？

3）如何才能使负载减少后的回路效率得以提高？能提高多少？

解：1）在 $q_p=q_1=5\text{L/min}$ 时，在限压式变量泵特性曲线的变量段上求出泵的出口压力 p_P

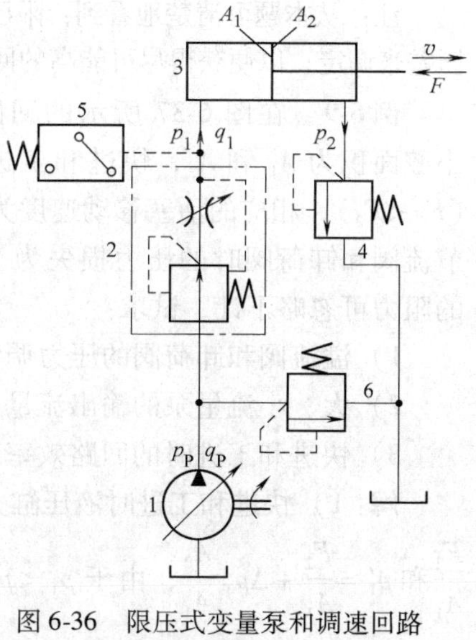

图 6-36　限压式变量泵和调速回路

1—变量泵　2—调速阀　3—液压缸　4—背压阀　5—压力继电器　6—安全阀

$$\frac{2.8-2}{10}=\frac{2.8-p_P}{5}$$

得
$$p_P=2.4\text{MPa}$$

液压缸进口压力

$$p_1=p_P-\Delta p_{min}=(2.4-0.5)\text{MPa}=1.9\text{MPa}$$

此时回路效率

$$\eta_c=\frac{p_1q_1-p_2q_2}{p_Pq_P}=\frac{1.9\times5-0.4\times\frac{25\times10^{-4}}{50\times10^{-4}}\times5}{2.4\times5}\times100\%=70.8\%$$

当 $p_1=1.9\text{MPa}$ 时负载 F 为

$$F=p_1A_1-p_2A_2=(1.9\times10^6\times50\times10^{-4}-0.4\times10^6\times25\times10^{-4})\text{N}=8500\text{N}$$

2）当负载 F 减小 4/5 时，$F'=\frac{1}{5}F=\frac{1}{5}\times8500\text{N}=1700\text{N}$

此时 $p_1'=\frac{F'}{A_1}+\frac{A_2}{A_1}p_2=\left(\frac{1700}{50\times10^{-4}}\times10^{-6}+\frac{25\times10^{-4}}{50\times10^{-4}}\times0.4\right)\text{MPa}=0.54\text{MPa}$

故回路效率

$$\eta_c=\frac{p_1'q_1-p_2q_2}{p_Pq_P}=\frac{0.54\times5-0.4\times\frac{25\times10^{-4}}{50\times10^{-4}}\times5}{2.4\times5}\times100\%=14.2\%$$

3）对于这种负载变化大、低速、小流量的场合，可采用差压式变量泵和节流阀组成的容积节流调速回路，回路效率可有较大提高。当 $p_1=1.9\text{MPa}$，$\Delta p_J=0.3\text{MPa}$ 时，回路效率

$$\eta_c=\frac{p_1}{p_1+\Delta p_J}=\frac{1.9}{1.9+0.3}\times100\%=86.4\%$$

注：从本题可清楚地看到：限压式变量泵的工作压力要根据最大负载值和调速阀的最小工作压差来调定，以便获得尽可能高的回路效率，工作中负载下降时，回路效率要发生显著的变化。

例 6-9 在图 6-37 所示的回路中，已知液压缸大、小腔面积为 A_1 和 A_2，快进和工进时负载力为 F_1 和 F_2（$F_1<F_2$），相应的活塞移动速度为 v_1 和 v_2，若液流通过节流阀和卸荷阀时的压力损失为 Δp_T 和 Δp_X，其他地方的阻力可忽略不计，试求：

1）溢流阀和卸荷阀的压力调整值 p_Y 和 p_X。

2）大、小流量泵的输出流量 q_{p1} 和 q_{p2}。

3）快进和工进时的回路效率 η_{c1} 和 η_{c2}。

解：1）快进和工进时液压缸大腔的工作压力为 $p_1=\frac{F_1}{A_1}$ 和 $p_1'=\frac{F_2}{A_1}+\Delta p_T\frac{A_2}{A_1}$，由于 $p_1<p_1'$，故须使 $p_Y=p_1'$，且 $p_Y>p_X>p_1$。

2）快进和工进时输入液压缸大腔流量为 A_1v_1 和

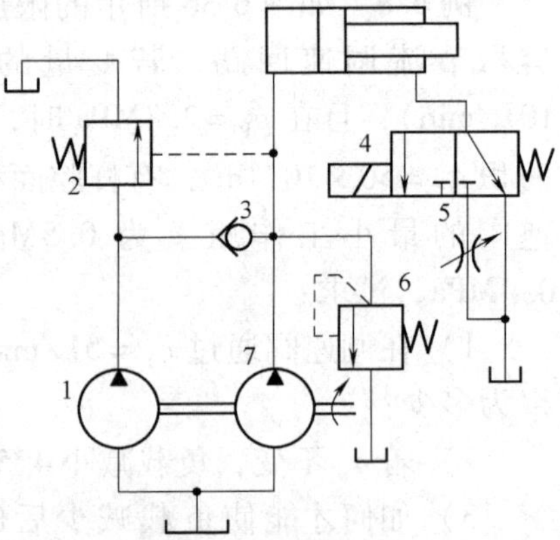

图 6-37 例 6-9 系统图

1—大流量泵 2—卸荷阀 3—单向阀 4—换向阀 5—节流阀 6—溢流阀 7—小流量泵

A_1v_2，故得 $q_{p1}+q_{p2}=A_1V_1$，$q_{p2}>A_1v_2$，$q_{p1}<(v_1-v_2)$。

如以 q_Y 表示工进时通过溢流阀的流量，则 $q_{p2}=A_1v_2+q_Yq_{p2}$，$q_{p1}=A_1(v_1-v_2)-q_Y$。

3）快进时回路中无溢流损失和节流损失，$\eta_{c1}=\dfrac{F_1v_1}{p_1(q_{p1}+q_{p2})}=1$，工进时回路中有溢流损失、卸荷损失和节流损失，故

$$\eta_{c2}=\frac{F_2v_2}{\Delta p_xq_{p1}+p_Yq_{q2}}=\frac{p_Y(q_{p2}-q_Y)-\Delta p_Tq_T}{\Delta p_xq_{p1}+p_Yq_{p2}}$$

式中 q_T——通过节流阀的流量，$q_T=A_2v_2=KA_T(\Delta p_T)^m$。

例 6-10（习题 6-8） 有一液压传动系统，快进时需最大流量 25L/min，工进时液压缸工作压力为 $p_1=5.5\text{MPa}$，流量为 2L/min，若可采用单泵流量为 25L/min 或双联泵流量为 4L/min 及 25L/min 两种液压泵分别对系统供油，设泵的总效率为 $\eta=0.8$，溢流阀调定压力 $p_Y=6.0\text{MPa}$，双联泵中低压泵卸荷压力 $p_{p2}=0.12\text{MPa}$，不计其他损失，试分别计算采用这两种泵供油时系统的效率（液压缸效率为 100%）。

解：1）对于单泵供油系统

快进时：负载 $F_L=0$，系统效率 $\eta=0$。

工进时：

$$\eta=\frac{p_1q_1}{p_pq_p}=\frac{5.5\times2}{6\times25}\times100\%=7.3\%$$

2）对于双泵供油系统

快进时：$F_L=0$，$\eta=0$。

工进时：大流量泵卸荷 $p_{p2}=0.12\text{MPa}$

$$\eta=\frac{p_1q_1}{p_{p1}q_{p1}+p_{p2}q_{p2}}=\frac{5.5\times2}{6\times4+0.12\times25}\times100\%=41\%$$

例 6-11（习题 6-9） 如图 6-38 所示，已知两液压缸的活塞面积相同，液压缸无杆腔面积 $A_1=20\times10^{-4}\text{m}^2$，但负载分别为 $F_1=8000\text{N}$，$F_2=4000\text{N}$，如溢流阀的调定压力为 $p_Y=4.5\text{MPa}$，试分析减压阀压力调整值分别为 1MPa、2MPa、4MPa 时，两液压缸的动作情况。

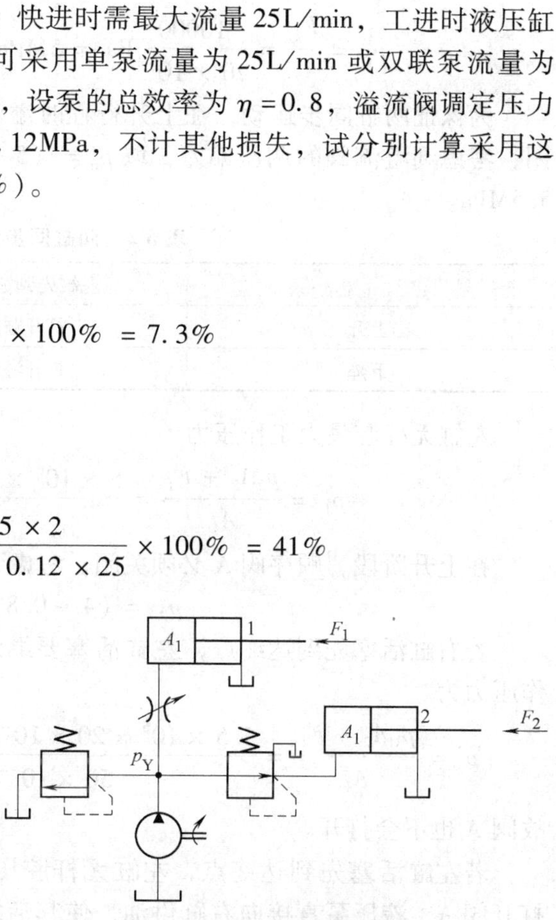

图 6-38 例 6-11 液压回路

解：要使缸 1 动作，液压缸 1 无杆腔所需压力

$$p_1=\frac{F_1}{A_1}=\frac{8000}{20\times10^{-4}}\times10^{-6}\text{MPa}=4\text{MPa}$$

要使缸 2 动作，液压缸 2 无杆腔所需压力

$$p_2=\frac{F_2}{A_2}=\frac{4000}{20\times10^{-4}}\times10^{-6}\text{MPa}=2\text{MPa}$$

故当减压阀调整压力 $p_J=1\text{MPa}$ 时，缸 1 移动，缸 2 不动；$p_J=2\text{MPa}$ 时，缸 1 和缸 2 同时动作；$p_J=4\text{MPa}$ 时，缸 2 先移动，停止后缸 1 再移动。

例 6-12 1）试说明图 6-39 所示液压缸串联式同步回路是怎样进行工作和补正同步误差的？

2）如液压缸的大腔面积为 $A_1=50\times10^{-4}\mathrm{m}^2$，小腔面积为 $A_2=20\times10^{-4}\mathrm{m}^2$，每个缸承受的最大负载为 $F_1=F_2=1\times10^4\mathrm{N}$，溢流阀的调压偏差为 0.5MPa，顺序阀的调压保险裕量为 0.8MPa，试确定阀 A、B、C 的压力调整值。

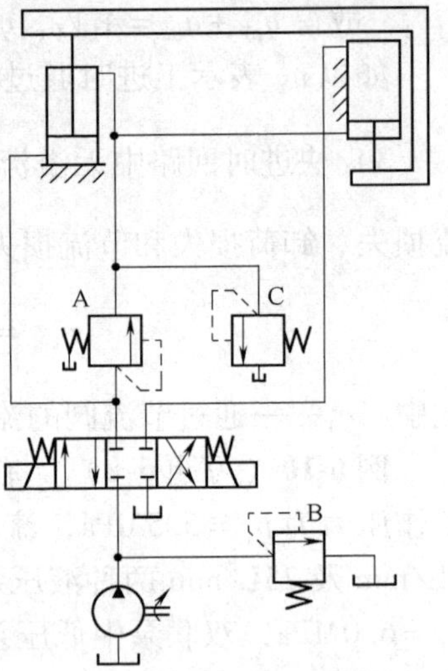

图 6-39 液压缸串联式同步回路

解：1）回路工作过程和补正同步误差方法示于表6-2。

2）右缸有杆腔最大工作压力

$$p_2=\frac{F_2}{A_2}=\frac{10000}{20\times10^{-4}}\mathrm{Pa}=5\mathrm{MPa}$$

为保证两缸同步运动，在上升行程时溢流阀 C 必须关闭，考虑到溢流阀的调压偏差，取 $p_c=(5+0.5)\ \mathrm{MPa}=5.5\mathrm{MPa}$。

表 6-2 两缸同步运动和补正误差方法

	左缸先到达行程终点	右缸先到达行程终点
上升	打开顺序阀 A	打开溢流阀 C
下降	打开溢流阀 C	打开顺序阀 A

左缸无杆腔最大工作压力

$$p_1=\frac{p_2A_2+F_1}{A_1}=\frac{5\times10^6\times20\times10^{-4}+1\times10^4}{50\times10^{-4}}\mathrm{Pa}=4\mathrm{MPa}$$

在上升阶段，顺序阀 A 必须关闭，考虑到顺序阀的调压保险裕量，取

$$p_A=(4+0.8)\mathrm{MPa}=4.8\mathrm{MPa}。$$

若右缸活塞先到达终点，左缸活塞要继续上行，迫使阀 C 打开，这时左缸无杆腔的工作压力为

$$p'_1=\frac{p_CA_2+F_1}{A_1}=\frac{5.5\times10^6\times20\times10^{-4}+1\times10^{-4}}{50\times10^{-4}}\mathrm{Pa}=4.2\mathrm{MPa}<p_A=4.8\mathrm{MPa}$$

故阀 A 也不会打开。

若左缸活塞先到达终点，左缸无杆腔压力升高，打开阀 A，液压泵直接向右缸供油，使其活塞继续到达行程终点。因此，必须 $p_B\geqslant p_C$，故取 $p_B=5.5\mathrm{MPa}$；同时也满足 $p_B>p_A$ 的要求。

例 6-13 如图 6-40 所示为顺序阀控制的液压系统，不计压力损失，试分析确定：

1）A、B、C、D 四元件间的压力调整关系。

2）1YA 通电后，定位液压缸作定位动作时，1、2、3、4 点处的压力。

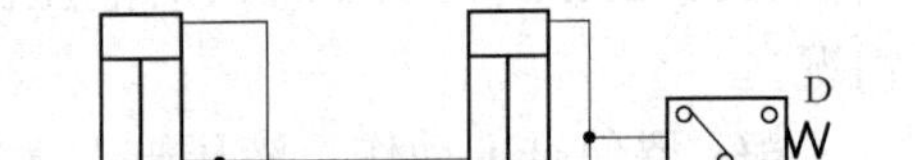

图 6-40 顺序阀控制的液压系统

3）定位液压缸动作到位后，在夹紧液压缸动作

时，1、2、3、4 点处的压力。

4）夹紧液压缸动作到位后，1、2、3、4 点处的压力又如何？

解：设溢流阀、减压阀、顺序阀、压力继电器的调定压力分别为 p_A、p_B、p_C、p_D

1）它们的关系应该是 $p_A > p_B > p_C > p_D$。

2）设定位液压缸动作时，为克服摩擦力所需压力为 PF，减压阀阀口全开状态下所产生的压力损失为 Δp_B，则当定位液压缸作定位动作时，1、2、3、4 点的压力为：

$$p_4 = 0, p_2 = p_3 = pF_3$$

$$p_1 = P_2 + \Delta p_B = p_F + \Delta p_B$$

由于 Δp_B、p_F 均很小，可以忽略不计，则

$$p_1 = p_2 = p_3 = p_4 = 0$$

3）设夹紧缸动作时，为克服摩擦力等所需压力为以 $p'_F < p_B$，则此时 1、2、3、4 点的压力为：

$$p_4 = p'_F, p_2 = p_3 = p_C$$

$$p_1 = p_2 + \Delta p_B = p_C + \Delta p_B$$

忽略 p'_F、Δp_B 时

$$p_1 = p_2 = p_3 = p_4 = 0$$

当夹紧缸夹紧后，若主系统仍未接通，则各点的压力为：

$$p_1 = p_A p_2 = p_3 = p_4 = p_B$$

当主系统接通转入快进时，p_1 值决定于主系统快进油路的总压力损失，其余各点暂时仍为：

$$p_2 = p_3 = p_4 p_B$$

第七章

典型液压传动系统

通过前面内容的学习，我们已经知道，基本回路是由几个液压元件组成的能完成某种特定的控制功能的简单液压传动系统。而本章所叙述的液压传动系统是含有多种控制功能，由若干个基本回路有机组合而成的。在这一章中，读者要掌握分析一般中等复杂程度的液压传动系统的方法。

本章重点：

1）组合机床动力滑台液压系统。

2）万能外圆磨床液压系统中完成工作台换向的操纵箱的工作原理及其特性。

本章难点：

万能外圆磨床液压系统。

第一节　液压传动系统分析步骤

一般地说，分析液压传动系统主要是依据液压系统图、动作顺序表和主机工作说明书，其分析步骤大体为：

1）了解设备的工艺对液压系统的动作要求。

2）初步浏览整个液压系统原理图，了解系统中包含哪些液压元件，并以执行元件为中心，将系统分成若干个子系统。

3）对由每一执行元件及与之有联系的液压泵、液压阀等组成的子系统进行分析，搞清楚其中含有哪些基本回路，并根据这些执行元件的动作要求，参照电磁铁动作顺序表读懂每一动作时的进、回油路走向。

4）根据设备液压传动系统中各执行元件间互锁、同步、防干扰等要求，分析各子系统之间的联系，并进一步读懂在系统内部是如何实现这些要求的。

5）在全面读懂系统的基础上，归纳总结整个系统有哪些特点，以加深对系统的理解。

第二节　组合机床动力滑台液压系统

大多数组合机床都利用液压传动来实现其进给运动的自动循环。这种机床液压系统的特点是驱动功率一般属中小功率，速度变化范围大（指一个动作循环内快速运动与慢速工进之间的速度差异），负载变化也较大（如铣削）。为了保证加工元件的表面质量，要求液压系统的速度稳定性要好。

液压动力滑台的液压系统是本章的学习重点，要求读者依据液压系统原理图和电磁铁动作表，读懂每一动作时的进、回油路的走向，并掌握如何实现一个动作循环。下面就该滑台的主要动作循环及系统的主要部分叙述如下：

1）滑台能完成的工作循环是快进→Ⅰ工进→Ⅱ工进→快退。

2）滑台由单杆活塞液压缸的缸体带动，活塞杆固定，如图 7-1a 所示。

3）滑台的两种工进速度采用进油路串联两个调速阀来实现，用二位二通阀换接，如图 7-1b 所示。

4）为了实现快进，液压缸采用差动连接，由三位五通主换向阀和行程阀换接，并采用限压式变量泵组成容积节流联合调速回路，如图 7-2 所示。

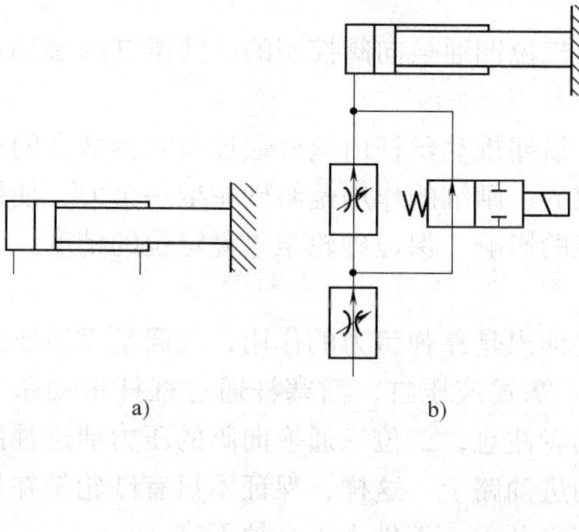

图 7-1　滑台液压缸速度换接回路

a）滑台液压缸连接示意　b）二位二通阀控制速度换接回路

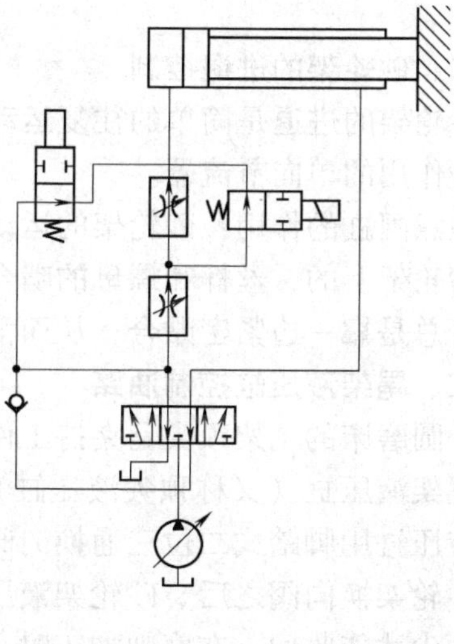

图 7-2　滑台供油及调速回路示意

5）为了减少换向冲击，提高平稳性，主换向阀采用电液换向阀，由电液联合控制。

6）配合以上主要措施而设置的一些元件，如远控式顺序阀、单向阀、压力继电器、背压阀等。其他如压力表、过滤器等是确保组成完整的能保证系统正常工作的液压传动回路的辅助元件。

第三节　万能外圆磨床液压系统

本节重点要求较深地理解并掌握万能外圆磨床工作台的换向过程、工作台手摇与液动的联锁装置及尾架液压缸的工作原理。对抖动阀的原理和作用要有较清楚的认识。

外圆磨床的主要要求是工作台运动平稳，无爬行现象，磨削阶梯轴和盲孔时，有精确的换向定位点。

一、万能外圆磨床工作台的换向过程三阶段

(1) 制动阶段　1) 预制动。挡铁碰到换向杠杆，带动先导阀移动，其制动锥逐渐关闭回油通路，使工作台减速、预制动。这时主换向阀阀芯还没有动。工作台继续慢速运动，先导阀阀芯继续被杠杆带动。

2) 终制动。当先导阀阀芯经杠杆带动到切换控制油路时，换向阀阀芯被油液推动，迅速达到中间位置（称第一次快跳），使液压缸两腔互通压力油，实现终制动。

(2) 停留阶段　换向阀快跳实现终制动后，这时工作台停止运动，先导阀也已切换到底不动。换向阀阀芯以慢速继续移动，但还没有切换主油路。这段时间内，工作台处于换向端点停留状态，停留时间长短可以调节。

(3) 起动阶段　当换向阀阀芯缓慢移动越过中间位置后，因为阀端部油路畅通，再次迅速快跳到底（第二次快跳），使主油路迅速切换，于是工作台迅速反向起动。

请读者深刻理解换向的两次快跳过程以及在工作台停留时主阀阀芯仍在缓慢运动的过程。

二、砂轮架的进退控制

砂轮架的进退是简单的往复运动，是用手动二位四通换向阀控制的。液压缸两端都备有起缓冲作用的单向节流器。

注意闸缸的作用：砂轮架的运动是由液压缸活塞推动丝杆由丝杆通过与它相啮合的螺母传到砂轮架上的，丝杆和螺母的啮合总是有间隙的，闸缸的作用是给砂轮架一个力，使螺母与丝杆总是靠一边紧密贴合，从而消除螺纹间隙的影响，保证砂轮架重复定位的精度。

三、尾架液压缸控制油路

外圆磨床的尾架顶尖是夹持工件用的，顶尖伸出是靠弹簧力的作用，收回是靠液压缸操纵。尾架液压缸（又称顶尖液压缸）是单作用活塞式液压缸，活塞杆通过杠杆带动顶尖动作。液压缸用脚踏式二位三通换向阀控制。请读者注意，二位三通换向阀的压力油进油路是接在砂轮架换向阀之后、砂轮架液压缸快退时的进油路上。这样，保证了只有砂轮架在后退时，顶尖才能收回，在磨削加工时，即使误踏控制开关，工件也不会掉下来。

四、砂轮架的横向进给油路

砂轮架的横向进给运动在大多数情况下，是由手动进给机构实现的。外圆磨床设置了自动周期和连续进给机构，它们是由进给缸、进给阀、选择阀等组成。

1) 进给缸是一个单作用无杆活塞液压缸，活塞上有棘爪，棘爪推动棘轮转动，再通过一组进给机构实现砂轮架的横向进给运动，活塞的返回靠弹簧推动。进给液压缸的进油来自液压泵，排油流回油箱，此过程都经进给阀控制。

2) 进给阀是一个液控二位三通换向阀，它两端的控制油和工作台换向阀两端的控制油分别连通，工作台换向，进给阀也就动作。进给阀按一定周期（由选择阀定）间隙性地使进给缸连通液压泵或油箱，进给缸便周期性地前进、后退，从而实现周期性的进给运作。

3）进给阀进给阀的周期动作规律由选择阀控制，其规律是：

双向进给：工作台在两端换向时都有进给。

右进绘或左进给：只在右端（或左端）换向时才有进给。

无进给：工作台无论在左、右端换向时均无进给。

五、工作台的开停、调速以及手动液动互锁油路

1）工作台的开停由开停阀控制，开停阀是一个转阀，有两个工作位置，每个位置有不同的连接情况。

2）工作台的调速回路是采用简单的回油节流调速回路。

3）手动液压互锁回路利用单作用的联锁缸，在开停阀控制下，把手摇机构的齿抡与工作台齿条脱开或合上，就可实现互锁。脱开时是液动状态，合上时是手动状态。

六、抖动回路

抖动阀实质上是两个柱塞式液压缸，它直径较小，动作灵活，和换向阀的控制油路在先导阀之后并联，作用是使先导阀实现快跳。不管工作台运动速度如何，只要先导阀通往换向阀的控制口打开，抖动阀便立即推动换向杠杆使先导阀加速快跳到底，这样就使得工作台慢速运动时，抖动阀可以帮助换向阀实现第一次快跳，缩短换向时间，提高了磨削的效率和加工质量，同时也提高了换向点重复的位置精度。假如没有抖动阀，那么当工作台终制动后，再也没有任何力量继续带动先导阀移动，先导阀就不能切换到底，换向阀的第一次快跳也会因油路不畅而不能实现。另外，反向起动也会迟缓。当把工作台的两行程挡块间距调至最小时，工作台就会频繁换向且行程较短（小于 1mm）就会出现抖动。此方法在磨削较短工件时经常被采用。万能外圆磨床的最高抖动频率为 150 次/min。

第四节 例题与部分习题解答

例 7-1（题 7-2） 如图 7-3 所示的压力机液压系统能实现“快进→慢进→保压→快退→停止”的动作循环。试读懂此系统图，并写出：

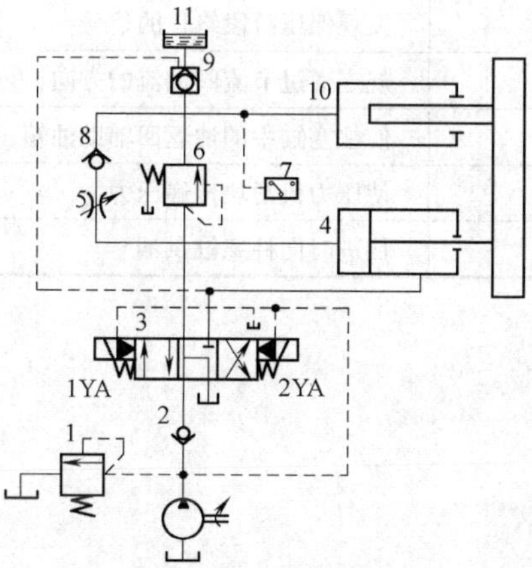

图 7-3 压力机液压系统

1）包括油液流动情况的动作循环表。

2）标号元件的名称和功用。

解：1）系统动作循环及液流情况见表 7-1。

表 7-1　动作循环及液流情况

动作名称	信号来源	电磁铁状态		油液流动情况
		1YA	2YA	
快进	按下起动按钮	+	−	泵→2→3→4（左腔） 4（右腔）→3→油箱 11→9→10
慢进	压力升高			泵→2→3→4（左腔） 4（右腔）→3→油箱
保压	滑块碰上工件			泵→2→3→6→10
快退	压力继电器发出信号	−	+	泵→2→3↗4（右腔）↘9 4（左腔）→3→油箱 10↗9→11 ↘8→5→3→油箱
停止	挡块压行程开关	−	−	泵→2→3→油箱

2）元件名称和功用见表 7-2。

表 7-2　元件的名称和功用

标　号	名　称	功　用
1	溢流阀	调定系统工作压力
2	单向阀	使系统卸荷时保持一定的控制油路压力
3	电液换向阀	使压力机滑块实现换向
4	辅助活塞缸	使压力机滑块实现快进快退
5	节流阀	调节压力机滑块返回速度
6	顺序阀	实现快进和慢进的动作转换
7	压力继电器	发现保压阶段终止的信号
8	单向阀	规定通过节流阀油流的方向
9	液控单向阀	使柱塞缸中的油返回辅助油箱
10	主柱塞缸	使压力机滑块传递压力
11	辅助油箱	快进时向柱塞缸供油

第八章

液压伺服和电液比例控制技术

第一节　液压伺服控制

液压伺服系统可以从不同的角度进行分类。一般按控制方式不同可以分为泵控式和阀控式，在阀控式伺服系统中，根据其控制元件的不同，又可分为滑阀式、转阀式、喷嘴挡板式和射流管式四大类型。

1. 液压伺服系统的类型

滑阀式液压伺服系统应用得最为普遍。根据控制过程中阀芯与阀体所构成的节流口数的不同，又可将滑阀式液压伺服系统分为单边节流式、双边节流式和四边节流式三种，学习时要着重理解它们的工作原理，特别是将三者对比分析，在较深入理解的基础上，学会合理地选用。此外液压伺服阀阀口的三种开口形式：零开口、正开口和负开口也是比较重要的，读者应能分析这三种开口类型的优缺点，并了解它们在实际中的应用。

转阀式液压伺服系统的工作原理与滑阀式基本相同，所不同的仅仅是控制方式由直线运动变为回转运动（包括输入与输出信号），学习时可将两者进行相应对比。

喷嘴挡板式和射流管式液压伺服系统是两种类似的形式，它们具有某些共同的优点，如结构简单，灵敏度高，使用可靠等。它们的共同缺点是，由于泄漏损失大，不宜用在大功率系统中，故常用作电液伺服阀的先导级。当然两者也有不同之处，学习时要加以区别。

2. 电液伺服阀

电液伺服阀是由力矩马达作为第一级，将微弱的电信号放大，利用挡板控制第二级的喷嘴挡板阀，使之放大成液压信号，推动滑阀进行控制动作。在学习中要理解其放大和反馈原理。电液伺服阀被广泛用于高精度的控制中，读者尤其要认真掌握其原理。特别要指出的是，伺服阀在工作过程中阀芯移动不同于普通的换向滑阀，它始终在零位附近工作。一只伺服阀既能进行方向控制，又能进行流量和压力控制。其原因主要是它的工作区域仅在零位附近。这一点请读者务必注意。教材中机械手的伺服系统就是一个实例，整个系统除油源外（油源要求较高）就只有一个伺服滑阀，该伺服阀既有方向控制的功能又有流量控制的功能。

3. 液压伺服系统的工作特性

（1）液压伺服系统的静态误差及其对加工精度的影响　由于液压伺服系统的静态误差直接影响其工作精度，使之产生静态误差。静态误差包括跟随误差、负载误差和起始误差。

（2）液压伺服系统的稳定性问题　所谓稳定性，即伺服系统在有一个信号输入（位置、精度、负载）的情况下能否稳定工作的问题，也就是说当液压伺服系统在改变指令信号或发生干扰的情况下失去平衡，经过一段时间后，其影响的瞬态项为零，则系统是稳定的。系统的稳定性亦即系统失去平衡后，恢复稳定的能力。在学习过程中，一定要了解影响稳定性的因素，衡量一个系统的动态品质的指标有哪些，它们之间又有何必然的联系。我们定义稳定性能好的指标是调整时间短，超调量小。实际上在大多数场合，这两个指标是相互制约，互有联系的，要超调量小，调整时间就不能短，反之要调整时间短，超调量就会大。

第二节　电液比例控制

电液比例控制是由电液比例控制阀为主要元件构成的控制系统，电液比例控制阀（简称比例阀）实质上是一种廉价的、抗污染性较好的电液伺服阀。

与电液伺服阀相似，控制比例阀的比例放大器也是具有深渡电流负反馈的电子控制放大器，其输出电流和输入电压成正比。比例放大器构成与伺服放大器也相似，但一般要复杂一些，如比例放大器一般均带有颤振信号发生器，还有零区电流跳跃（比例方向阀）等功能。

比例阀结构主要有电—机械转换器（比例电磁铁）和阀两部分。多数比例阀是开环控制的，但也有闭环控制的。

比例电磁铁是在传统的湿式直流阀用开关电磁铁基础上发展起来的，目前所应用的大多数比例电磁铁是盆式结构。

第三节　例题与部分习题解答

例 8-1　设计一台如图 8-1 所示的单座标垂直仿形铣床四边节流的液压仿形刀架。液压缸工作时推力（立铣刀垂直切削力）为 6000N，液压缸工作速度（立铣刀垂直进刀速度），为 1.5cm/s。

解：在设计液压仿形刀架时，首先要定伺服阀采用何种开口形式以及工作边数。本题要求工作边数为 4，拟采用零开口结构，而液压仿形刀架的设计主要有确定液压缸的尺寸、换向滑阀阀芯直径以及工作时阀的最大开口量等，具体设计如下：

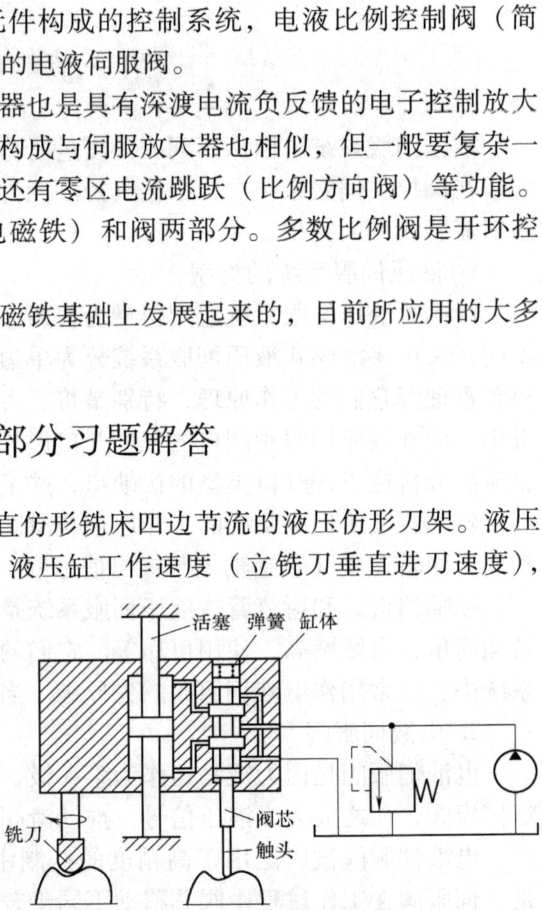

图 8-1　刀架系统

1）确定液压泵的工作压力

一般液压仿形机床取液压泵的工作压

力为：

$$p_B = 25 \times 10^5 \mathrm{Pa}$$

2）液压缸尺寸参数的确定

活塞有效面积

$$A = \frac{F}{p_L}, 取\, p_L = \frac{2}{3}p_B$$

将各数值代入得：$A = \dfrac{6000}{\dfrac{2}{3} \times 25 \times 10^5}\mathrm{m}^2 = 36 \times 10^{-4}\mathrm{m}^2 = 36\mathrm{cm}^2$

活塞直径：$D = \sqrt{\dfrac{4}{\pi}\left(A + \dfrac{\pi}{4}d^2\right)}$，取 $d = 30\mathrm{mm}$

将数值代入得：$D = \sqrt{\dfrac{4}{\pi}\left(36 + \dfrac{\pi}{4} \times 3^2\right)}\mathrm{cm} = 7.405\mathrm{cm}$，取 $D = 75\mathrm{cm}$

则活塞实际有效面积

$$A_1 = \frac{\pi}{4}(D^2 - d^2) = \frac{\pi}{4}(7.5^2 - 3^2)\mathrm{cm}^2 = 37.11\mathrm{cm}^2$$

3）确定负载压力 p_L 和负载流量 q_L

$$p_L = \frac{F}{A} = \frac{6000}{37.11 \times 10^{-4}}\mathrm{N/m^2} = 16.17 \times 10^5\mathrm{N/m^2}$$

$$q_L = Av = 1.5 \times 37.11\mathrm{cm^3/s} = 55.66\mathrm{cm^3/s} = 33.4\mathrm{L/min}$$

4）确定液压泵的流量 q_B

$$q_B = \sqrt{3}q_L = \sqrt{3} \times 3.34\mathrm{L/min} = 5.784\mathrm{L/min}$$

根据计算数据选用 YB—6 型叶片泵，额定压力为 7.0MPa，流量为 6L/min，调定工作压力为 2.5MPa。叶片泵的流量脉动小，有利于提高铣床仿形精度。

5）确定换向滑阀阀芯直径 d

$$d = \sqrt{\frac{q_L}{\lambda K \pi \sqrt{\dfrac{p_B - p_L}{2}}}}$$

式中　λ——最大开度系数，一般为 0.01 ~ 0.05，本题中取 $\lambda = 0.01$。

则有 $d = \sqrt{\dfrac{55.66 \times 10^{-6}}{0.01 \times 0.62 \times \sqrt{\dfrac{2}{900}} \times \pi \sqrt{\dfrac{(25 - 16.17) \times 10^6}{2}}}}\mathrm{m} = 0.955 \times 10^{-2}\mathrm{m}$

取 $d = 10\mathrm{mm}$。

6）确定换向滑阀的最大开度 x_{max}

$$x_{max} = \frac{q_L}{K\pi d\sqrt{\dfrac{(p_B - p_L)}{2}}} = \frac{55.55 \times 10^{-6}}{0.62 \times \sqrt{\dfrac{2}{900}} \times \pi \times 10 \times 10^{-3}\sqrt{\dfrac{(25 - 16.17) \times 10^5}{2}}}\mathrm{m}$$

$$= 0.09123 \times 10^{-3}\mathrm{m} = 0.09123\mathrm{mm}$$

第九章

液压系统的设计与计算

要求读者参考教科书理解并掌握液压系统的一般设计方法。

本章重点：

1）设计方案选择。

2）确定液压系统的主要参数。

3）选择液压元件。

本章难点

1）负载的受力分析和作负载图。

2）运动分析和作速度循环图。

3）液压缸工况图。

第一节　液压系统设计要求

1. 注意事项

1）设计工作没有严格的程序和固定的模式，不要死记硬背公式条文。主要是要理解并掌握一些具体问题的处理方法。

2）任何设计，首先是要仔细搞清楚已知条件和设计目的及要求，找出必要的数据。例如分析受力情况，计算各种作用力以求出工作负载，作负载图和速度图等。

3）要了解所需设计系统的工作环境，工作性质，有无特殊要求等，并进行必要的计算。

2. 几个具体问题

（1）设计液压系统原理图的要点

1）首先对单个工作机构设计分支回路，重点是速度控制回路、压力控制回路的设计。

2）设计总体回路时，着重注意各支路间的相互关系，如顺序、互锁等，并配好各种附加装置，除去多余的元件。

（2）主要参数的确定

1）首先要选定工作压力，一般是宁低勿高。

2）确定液压缸的主要尺寸。

3）确定液压缸的最大流量，作出压力图、流量图和功率图。

（3）选择液压元件

1）选择液压泵主要是按工作机构所需的压力和流量来选取所需泵的输出压力和流量。输出压力应包括系统的最高工作压力、系统的压力损失、背压以及一定的压力储备等；输出流量应包括系统内同时动作时各液压缸的最大流量之和、系统的泄漏流量以及溢流阀的溢流量等。

2）液压阀根据实际需要的最大压力和通过的最大流量选取，一般阀的额定压力和额定流量要大于所需的工作压力和流量。请读者注意，切不可选择较小规格的阀而通过较大的流量。

3）管道和辅助元件的选取。根据压力及流量选择或设计管道直径和辅助元件，请读者注意，过滤器的通油能力应为所选液压泵的额定流量的2倍以上。

4）油箱的设计。

第二节　例题与部分习题解答

例9-1　如图9-1所示的某立式组合机床的动力滑台采用液压传动。已知切削负载为28000N，滑台工进速度为50mm/min，快进、快退速度为6m/min，滑台（包括动力头）的质量为1500kg，滑台对导轨的法向作用力约为1500N，往复运动的加、减速时间为0.05s，滑台采用平面导轨，$f_s=0.2$，$f_d=0.1$，快速行程为100mm，工作行程为50mm，取液压缸机械效率$\eta_m=0.9$，试对液压系统进行负载分析。

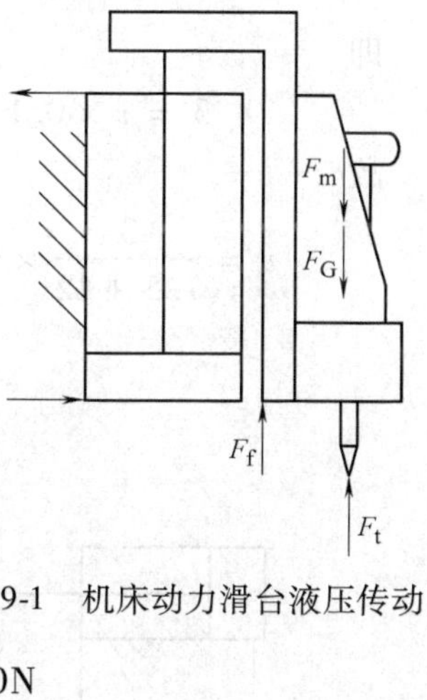

图9-1　机床动力滑台液压传动

提示：滑台下降时，其自重负载由系统中的平衡回路承受，不须计入负载分析中。

解：1）外负载

已知　$F_t = 28000\text{N}$

2）惯性负载

$$F_m = m\frac{\Delta v}{\Delta t} = 1500 \times \frac{6}{60 \times 0.05}\text{N} = 3000\text{N}$$

3）阻力负载

$$F_n = 1500\text{N}$$

静摩擦阻力　$F_{fs} = F_n f_s = 1500 \times 0.2\text{N} = 300\text{N}$

动摩擦阻力　$F_{fd} = F_n f_d = 1500 \times 0.1\text{N} = 150\text{N}$

4）重力负载 $F_G = mg = 1500 \times 9.81N = 14715N$

由此得出液压缸在各工作阶段的负载如表 9-1 所示。

表 9-1 液压缸在各工作阶段的负载 F（$\eta m = 0.9$）

工 况	负载组成	负载值 F/N
起动	$F = F_n f_s$	333
加速	$F = F_n f_d + m\Delta v/\Delta t$	3500
快进	$F = F_n f_d$	167
工进	$F = F_n f_d + F_t$	31278
反向	$F = F_{fs} + F_G$	16679
加速	$F = F_m + F_G - F_{fs}$	19346
快退	$F = F_{fd} + F_G$	16512
制动	$F = F_{fd} + F_G - F_m$	13179
停止	$F = F_G$	16346

由此可绘制出负载图如图 9-2 所示：

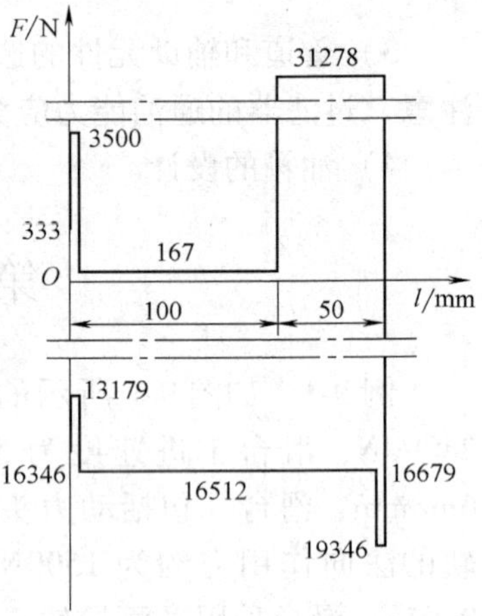

图 9-2 负载图

例 9-2 如图 9-3 所示的液压缸驱动装置中，已知传送距离为 3m，传送时间要求小于 15s，运动按图 9-3b 规律进行，其中加、减速时间各占总传送时间的 10%；假如移动部分的总质量为 510kg，移动件和导轨间的静、动摩擦因数各为 0.2 和 0.1，取液压缸机械效率 $\eta_m = 0.9$，试绘制此驱动装置的工况图。

解：1）根据公式 $s = vt$，有 $s = 2 \times \dfrac{v}{2} \times 0.1 \times t + v \times 0.8 \times t$

即

$$3 = v \times 0.1 \times 15 + v \times 0.8 \times 15$$

故

$$v = \frac{3}{1.5 + 12} \times 60 \text{m/min} = 13.33 \text{m/min}$$

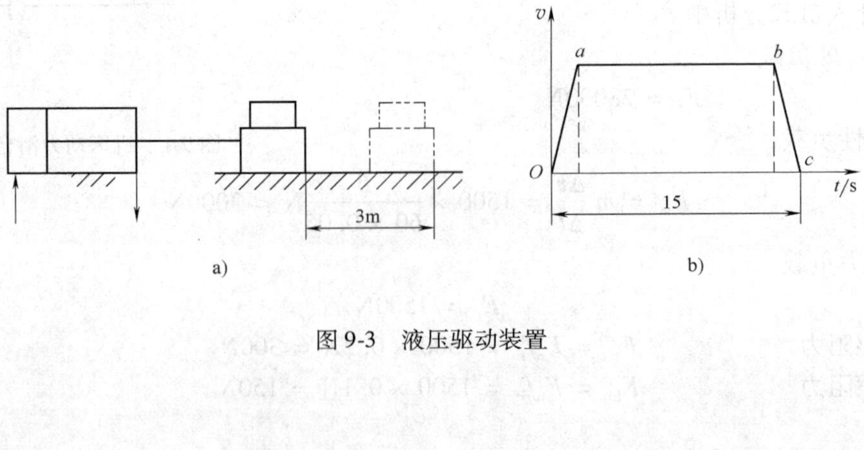

图 9-3 液压驱动装置

2）惯性负载

$$F_m = m\frac{\Delta v}{\Delta t} = 510 \times \frac{13.33/60}{0.1 \times 15}\text{N} = 75.54\text{N}$$

3）阻力负载

$$F_n = mg = 510 \times 9.8\text{N} = 5000\text{N}$$

静摩擦力负载

$$F_{fs} = F_n f_s = 5000 \times 0.2\text{N} = 1000\text{N}$$

动摩擦力负载

$$F_{fd} = F_n f_d = 5000 \times 0.1\text{N} = 500\text{N}$$

由此得出装置各运动阶段的负载如表 9-2 所示。

表 9-2　装置各运动阶段的负载 F（$\eta_m = 0.9$）

运动阶段	负载组成	F/N
起动	$F = F_{fs} F = F_{fs}$	1111
加速	$F = F_{fd} + F_m$	640
匀速	$F = F_{fd}$	556
减速	$F = F_{fd} - F_m$	472

由此可绘制出驱动装置的工况图如图 9-4 所示：

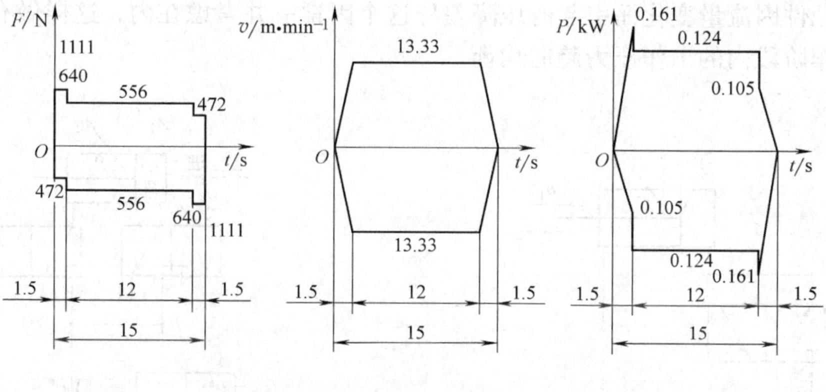

图 9-4　工况图

例 9-3　如图 9-5 所示系统在活塞往复运动时，液压泵的工作压力比是多少（不计摩擦损失和管道损失）？它和往复运动速比有何关系？

解：活塞向右运动时液压缸作差动连接，这时通过换向阀进入液压缸左腔的流量 q_1 为

$$q_1 = A_1 v_1 = q_2 + q_p = A_2 v_1 + q_p$$

即

$$q_1 = \frac{A_1}{A_1 - A_2} q_p$$

如果这时换向阀阀口处的压降为 Δp_1，则有

$$(p_p - \Delta p_1) A_1 = p_p A_2$$

所以
$$p_p = \frac{A_1}{A_1 - A_2}\Delta p_1$$

活塞向左移动时，由液压缸左腔经换向阀排出的流量 q_1' 为
$$q_1' = A_1 V_2 = \frac{A_1}{A_2} q_p$$

如果这时换向阀阀口处的压降为 Δp_2，则有
$$\Delta p_2 A_1 = p_1' A_2$$

所以
$$p_p' = \frac{A_1}{A_2}\Delta p_2$$

由关于阀类元件流量与压降的近似关系式得
$$\frac{\Delta p_2}{\Delta p_1} = \left(\frac{q_1'}{q_1}\right)^2 = \left(\frac{A_1 - A_2}{A_2}\right)^2$$

故有
$$\lambda_p = \frac{p_p'}{p_p} = \left(\frac{A_1 - A_2}{A_2}\right)\left(\frac{\Delta p_2}{\Delta p_1}\right) = \left(\frac{A_1 - A_2}{A_2}\right)^3$$

由于
$$\lambda_v = \frac{v_2}{v_1} = \frac{A_1 - A_2}{A_2}$$

所以
$$\lambda_p = \lambda_v^3$$

注：对只须完成快进、快退动作的液压系统来说，确定液压缸的结构尺寸时，最好能把油路中阀类元件因流量变化而引起的压降差异这个因素一并考虑在内，这样做有利于使液压泵在不同动作阶段内的工作压力趋向均衡。

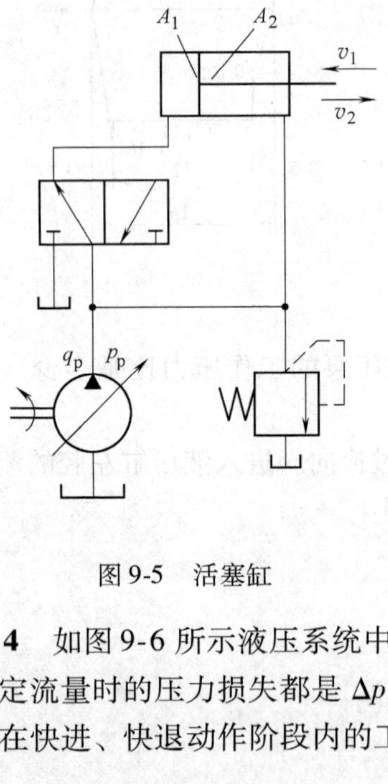

图 9-5　活塞缸

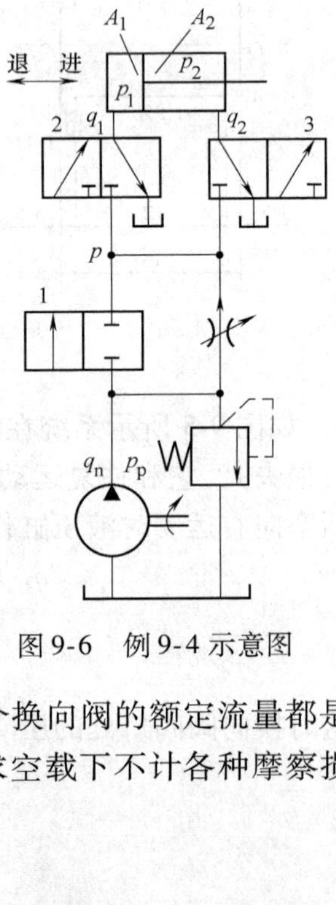

图 9-6　例 9-4 示意图

例 9-4　如图 9-6 所示液压系统中，已知液压泵和三个换向阀的额定流量都是 q_n，换向阀通过额定流量时的压力损失都是 Δp_n，且 $A_1 = 2A_2$。试求空载下不计各种摩擦损失和管道损失时泵在快进、快退动作阶段内的工作压力。

解：1）快进时，液压缸差动连接，故 $n=\dfrac{q_n}{A_1-A_2}=\dfrac{q_n}{A_2}$，而 $q_2=vA_2=\dfrac{q_n}{A_2}A_2=q_n$，所以 $q_1=q_n+q_2=2q_n$。

设阀 1 与阀 2 之间压力为 p，则有

$$\begin{cases} p = p_2 - \Delta p_n \\ p = 2^2\Delta p_n + p_1 \\ p_2 = 2p_1 \end{cases}$$

联立解上述三个方程得

$$p = 9\Delta p_n$$

因此 $p_p = p + \Delta p_n = 10\Delta p_n$

2）快退时，$q_2=q_n$，$q_1=2q_n$，且有

$$\begin{cases} p = p_2 + \Delta p_n \\ p = 2^2\Delta p_n \\ p_2 = 2p_1 \end{cases}$$

联立解上述三个方程，得

$$p = 9\Delta p_n$$

故　$p_p = p + \Delta p_n = 10\Delta p_n$

例 9-5　试对图 9-7 所示液压系统进行基本回路分析与评述。

解：这个液压系统能实现“快进→工进→停留→快退→停止”的半自动工作循环，按其功能可以分解成以下一些基本回路：调速阀—背压阀式进油节流调速回路；双泵供油和液压缸差动连接的快速回路；电液换回阀的换向回路；电磁阀和顺序阀组成的速度切换回路；溢流阀和顺序阀组成的大泵卸荷回路等。这些基本回路的功能决定了该液压系统具有如下性能特点：

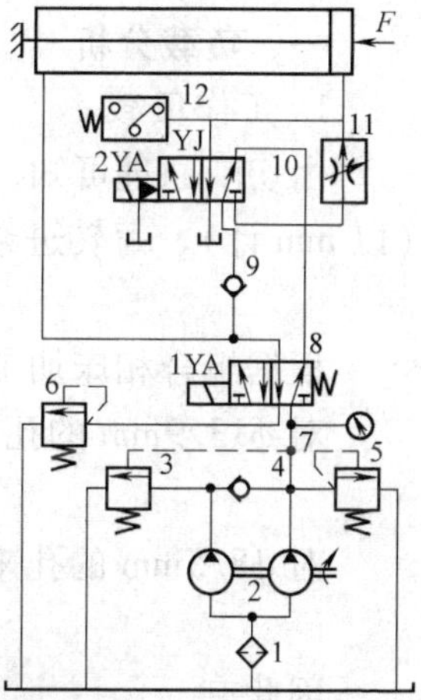

图 9-7　例 9-5 系统图

1）系统采用了调速阀—背压阀式进油节流调速回路。它能保证液压缸有稳定的低速运动、较好的速度刚性和较大的调速范围。回油路上加背压阀可防止空气渗入系统，并能使液压缸承受负向的负载。

2）系统采用大小两个泵供油和液压缸差动连接两项措施来实现快进，可得到较大的快进速度，且能量利用也比较合理。液压缸停止运动时，采用溢流阀和顺序阀组成的卸荷回路来使大泵卸荷，既减少了能量损耗，又使系统部分油路有一定压力，以保证下一工作循环的顺利启动。

3）系统采用了电磁换向阀实现快进与工进的换接，简化了油路和电路，对于压力不太高、速度变化不太大的系统是适宜的。系统的停留时间和反向信号由压力继电器和时间继电器来控制，使电路简单，调整方便。

4）系统采用二位五通电液换向阀来切换主油路，使液压缸换向平稳，冲击和噪声小。同时换向阀的五通结构使快进和工进的换接只须控制一个阀即可，减少了元件的使用数量，也降低了压力损失。

总之，这个液压系统设计比较合理，它使用元件不多，却能完成较为复杂的半自动工作循环，且性能良好。

液压系统电磁铁动作顺序见表 9-3 所示：

表 9-3　液压系统电磁铁动作顺序表

动作名称	1YA	2YA	YJ
快进	+	+	−
工进	−	+	−
停留	−	+	+
快退	+	−	−
停止（大泵卸荷）	−	−	−

例 9-6　要求设计一台卧式单面多轴钻孔组合机床，它的动力滑台液压系统需实现“快进→工进→快退→停止”的工作循环。已知：机床上有主轴 16 个，加工 $\phi13.9$mm 的孔 14 个，$\phi8.5$mm 孔 2 个；刀具材料为高速钢，工件材料为铸铁，硬度为 HBW240，机床工作部件总重量 $G=9810$N，快进、快退速度为 $v_1=v_3=7$m/min，快进行程长度为 $L_1=100$mm，工进行程长度为 $L_2=50$mm，往复运动的加速、减速时间不宜超过 0.2s，动力滑台采用平导轨，其静摩擦系数为 $f=0.2$，动摩擦系数为 $f_d=0.1$，液压系统中的执行元件是液压缸。

解：根据液压系统的没汁方法进行设计。

一、负载分析

1. 工作负载

由切削原理可知，高速钢钻头钻铸铁孔时的轴向切削力 F_1（以 N 计））与钻头直径 D（以 mm 计）、每转进给量 S（以 mm/r 计）和铸件硬度 HBW 之间的经验计算公式为：

$$F_1 = 25.5DS^{0.8}(\mathrm{HBW})^{0.6}$$

根据组合相床加工特点，钻孔时的主轴转速 n 和每转进给量 S 可选用下列数值：

对 $\phi13.9$mm 的孔来说：$n_1=360$r/min

$$S_1 = 0.147\text{mm/r}$$

对 $\phi8.5$mm 的孔来说：$n_2=550$r/min

$$S_2 = 0.096\text{mm/r}$$

因此有

$$F_t = [14\times(25.5\times13.9\times0.147^{0.8}\times240^{0.6})+2\times25.5\times8.5\times0.096^{0.8}\times240^{0.6}]\text{N}$$
$$= 30468\text{N}$$

2. 惯性负载

$$F_m = \left(\frac{G}{g}\right)\left(\frac{\Delta v}{\Delta t}\right) = \left(\frac{9810}{9.81}\right)\left(\frac{7}{60\times0.2}\right)\text{N} = 583\text{N}$$

3. 阻力负载

静摩擦阻力：$F_{fs}=0.2\times9810\text{N}=1962\text{N}$

动摩擦阻力：$F_{fd}=0.1\times9810\text{N}=981\text{N}$

由此可得出液压缸在各工作阶段的负载值如表 9-4 所示：

表 9-4 液压缸各工作阶段的负载值

工 况	负载组成	负载值 F/N	推力 F/N
启动	$F=F_h$	1962	2180
加速	$F=F_{fd}+F$	1564	1738
快进	$F=F_{fd}$	981	1090
工进	$F=F_z+F$	31449	34943
快退	$F=F_m$	981	-1090

注：由于密封阻力占总力的约 10% 左右，故取缸的机械效率 $\eta_m=0.9$。

二、负载图与速度图的绘制

负载图按表 9-4 中的数值绘制，如图 9-8a 所示。

速度图按已知数值 $v_1=v_3=7\text{m/min}$，$L_1=100\text{mm}$，$L_2=50\text{mm}$，快退行程 $L_3L_1+L_2=150\text{mm}$ 和工进速度 v_2 等绘制，如图 9-8b 所示，其中 v_2 由主轴转速及每转进给量求出：

$$v_2=n_1S_1=n_2S_2=53\text{mm/min}$$

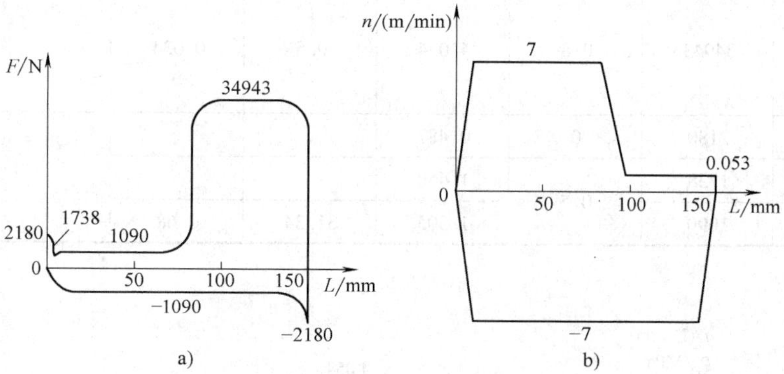

图 9-8 液压缸负载图和速度图

三、液压缸主要参数的确定

由例 9-6 表 1 可知，该组合机床液压系统的最大负载约为 35000N，参考有关资料，宜选择工作压力 $p_1=4\text{MPa}$。

鉴与动力滑台要求快进、快退速度相等，固这里的液压缸可选用单杆活塞式，并在快进时采用差动连接。在这种情况下液压缸无杆腔工作面积 A_1 应为有杆腔工作面积 A_2 的 2 倍，即活塞杆直径 d 与缸筒直径 D 的关系为 $d=0.707D$。

钻孔加工中，液压缸回油路上必须具有背压 p_2，以防孔钻通时滑台突然前冲，一般取其值为 0.8MPa。快进时液压缸作差动连接，但由于油管中有压力降 Δp 存在，有杆腔的压力大于无杆腔，计算时取 $\Delta p=0.5\text{MPa}$。快退时回油腔中有背压，这时 p_2 亦可按 0.5MPa 估算。

工进时：
$$\frac{F}{\eta_m}=A_1p_1-A_2p_2=A_1p_1-\left(\frac{A_1}{2}\right)p_2$$

因此有 $$A_1 = \frac{\frac{F}{\eta_m}}{p_1 - \frac{p_2}{2}} = \frac{34943}{\left(40 - \frac{8}{2}\right) \times 10^5}\text{m}^2 = 0.0097\text{m}^2 = 97\text{cm}^2$$

$$D = \sqrt{\frac{4A_1}{\pi}} = 11.12\text{cm}, d = 0.707D = 7.86\text{cm}$$

按国家标准将这些直径圆整成标准值可得：$D = 11\text{cm}$；$d = 8\text{cm}$。由此可得液压缸两腔的实际有效面积为 $A_1 = 95.03\text{cm}^2$，$A_2 = 44.77\text{cm}^2$，经校验，活塞杆强度和稳定性均符合要求。

根据上述 D 与 d 的值，可估算液压缸在各工作阶段中的压力、流量和功率，如表 9-5 所示，并据此绘出工况图如图 9-9 所示。

表 9-5　液压缸在不同工作阶段的压力、流量和功率值

工况		负载 F/N	回油腔压力 p_2/MPa	进油腔压力 p_1/MPa	输入流量 q/（L/min）	输入功率 P_N/kW	计算式
快进差动	启动	2180	0	0.434			$p_1 = (F + A_2\Delta p)/(A_1 - A_2)$
	加速	1738	$p_2 = p_1 + \Delta p$	0.791			$q = (A_1 - A_2)/v$
	恒速	1090	$\Delta p = 0.5$	0.662	35.19	0.39	$P = p_1 q$
工进		34943	0.8	4.054	0.5	0.034	$p_1 = (F + p_2 A_2)/A_1$ $q = A_2 v_2$ $p = p_1 q$
快退	启动	2180	0	0.487			$p_1 = (F + p_2 A_1)/A_2$
	加速	1738	0.5	1.450			$q = A_2 v_2$
	恒速	1090		1.305	31.34	0.68	$p = pq$

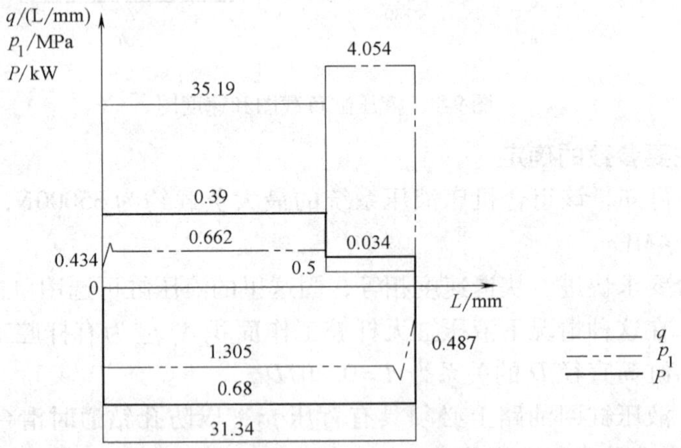

图 9-9　液压缸工况图

四、液压系统图的拟定

1. 液压回路的选择

首先选择调速回路，由图 9-9 中的曲线可知，这台机床液压系统的功率小，滑台运动速度低，工作负载变化小，可以采用进口节流的调速形式。为了防止进口节流调速回路在孔钻通时发生滑台突然前冲现象，回油路上要设置背压阀。

由于液压系统选用了节流调速的方式，固系统中油液的循环必然是开式的。从工况图中可以清楚地看到，在这个液压系统的工作循环内，液压缸要求油源交替提供低压大流量和高压小流量的油液，最大流量与最小流量之比约为 70，而快进快退所需的时间 t_1 和工进所需时间 t_2 分别为：

$$t_1 = \frac{L_1}{v_2} + \frac{L_2}{v_3} = \left(\frac{60 \times 100}{7 \times 1000} + \frac{60 \times 150}{7 \times 1000}\right)\text{s} = 2.14\text{s}$$

$$t_2 = \frac{L_2}{v_2} = \frac{60 \times 50}{0.0531000}\text{s} = 56.6\text{s}$$

即 $t_2/t_1 \approx 26$。因此从提高系统的效率、节省能量的角度上看，采用单个定量泵作为油源显然是不合适的，宜选用国内比较成熟的产品——双联式定量叶片泵作为油源（见图 9-10a）。

其次是选择快速运动和换向回路，系统中采用节流调速回路后，不管采用什么形式油源都必须有单独的油路直接通向液压缸两腔，以实现快速运动。在本系统中单杆液压缸要作差动连接，所以它的快进和快退换向回路应采用如图 9-10b 所示的形式。

再次是选择速度换接回路。由工况图中的 $q—L$ 曲线可知，当滑台从快进转为工进时，输入液压缸的流量由 35.19L/min 降为 0.5L/min，滑台的速度变化较大，宜选用行程阀来控制速度的换接，以减少液压冲击（见图 9-10c）。当滑台由工进转为快退时，回路中通过的流量很大——进油路中通过的流量为 31.34L/min，回油路中通过的流量为 31.14 ×（95/44.77）=66.50L/min。为了保证换向平稳起见，可采用电液换向阀换向（见图 9-10b）。由于这一回路要实现液压缸的差动连接，因而换向阀必须是五通式的。

最后再考虑压力控制回路，系统的调压问题已在油源中解决（见图 9-10a）。卸荷问题如采用中位机能为 Y 型的三位换向阀来实现（见图 9-10b），就不必再设置专用的元件或油路。

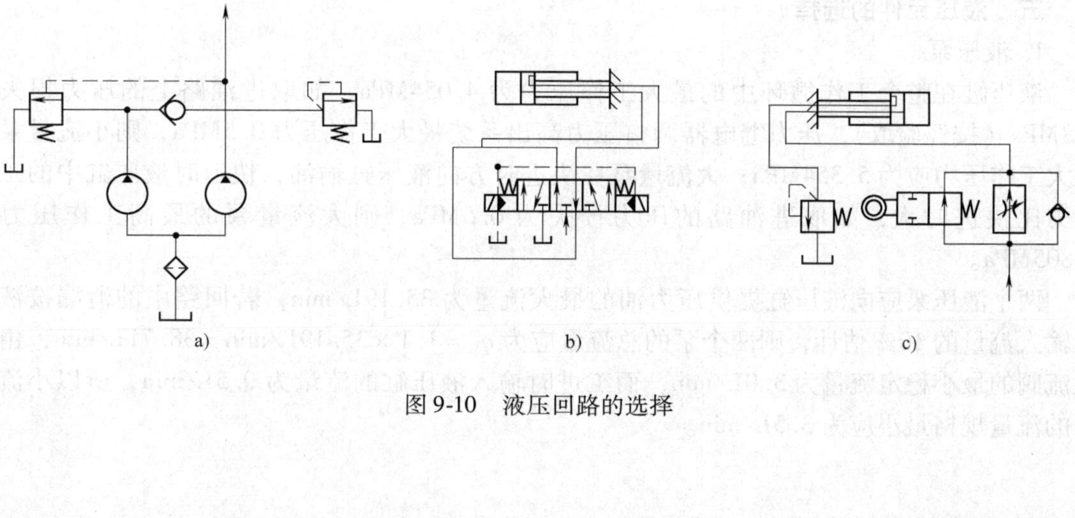

图 9-10　液压回路的选择

2. 液压回路的综合

把上面选出的各种回路组合画在一起，就可以得到图 9-11 所示的未设置元件虚线圆框时的形状，将此图仔细审阅一下，发现还存在一些问题，因而必须进行修改和整理。

1）为了解决滑台工进时进、回油路相互接通，无法建立压力的问题，必须在液动换向回路中串入一个单向阀 a，将工进时的进、回油路隔断。

2）为了解决滑台快速前进时回油路接通油箱，无法实现液压缸差动连接的问题，必须在同油路上串入一个液控顺序阀 b，以阻止油液在快进阶段返回油箱。

3）为了解决机床停止工作时系统中的油液流回油箱，导致空气进入系统，影响滑台运动平衡性问题，必须在电液换向阀的出口处增设一个单向阀 c。

4）为了便于系统自动发出快速退回讯号起见，在调速阀输出端增设一个压力继电器 d。

5）如果将顺序阀 b 和背压阀的位置对调一下，就可以将顺序阀与油源处的卸荷阀合并。经过以上修改，整理后的液压系统便如图 9-12 所示，此图在各方面都比较合理、完善。

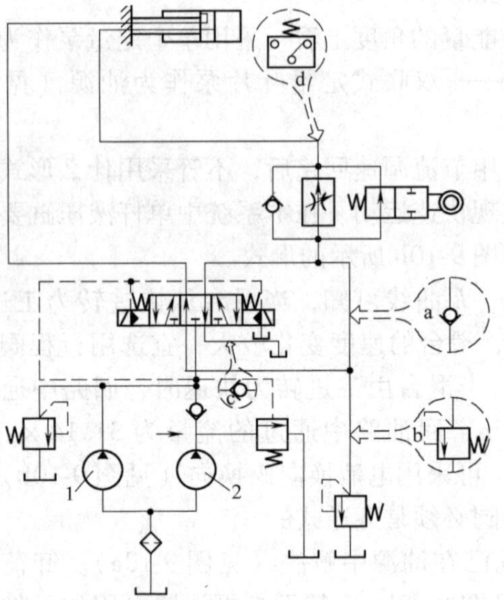

图 9-11　液压回路的综合和整理

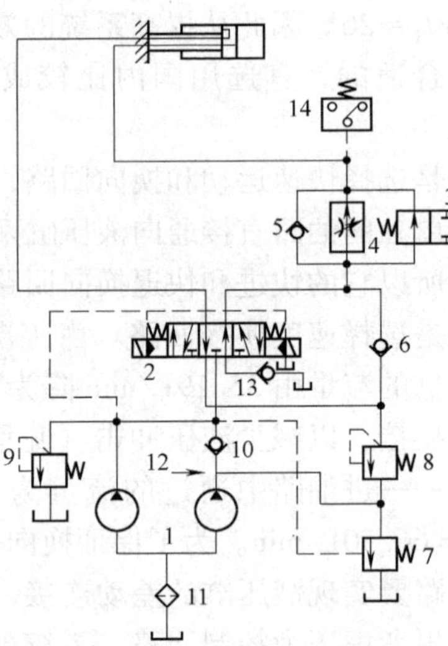

图 9-12　整理后的液压系统图

五、液压元件的选择

1. 液压泵

液压缸在整个工作循环中的最大工作压力为 4.054MPa，如取进油路上的压力损失为 0.8MPa（按经验取），压力继电器调整压力高出系统最大工作压力 0.5MPa，则小流量泵的最大工作压力应为 5.354MPa；大流量泵在快进时方向液压缸输油，快退时液压缸中的工作压力比快进时大，如取进油路的压力损失为 0.5MPa，则大流量泵的最高工作压力为 1.805MPa。

两个液压泵应向液压缸提供压力油的最大流量为 35.19L/min，若回路中的泄漏按液压缸输入流量的 10% 估计，则两个泵的总流量应为 $q_B = 1.1 \times 35.19\text{L/min} = 38.71\text{L/min}$，由于溢流阀的最小稳定流量为 3.0L/min，而工进时输入液压缸的流量为 0.5L/min，所以小流量泵的流量规格最小应为 3.5L/min。

根据以上压力和流量的数值，查阅有关资料，最后确定选取2HY02型双联叶片泵（即2HY02—5/35型）。由于液压缸快退时输入功率最大，这相当于液压泵输出压力1.805MPa、流量40L/min时的情况，如取双联叶片泵的总效率$\eta_B = 0.75$，则液压泵驱动电动机所需功率为：

$$P = \frac{p_B q_B}{\eta_B} = \left[18.05 \times 10^5 \times \left(\frac{\frac{40}{60} \times 10^{-3}}{0.75 \times 10^3}\right)\right] \text{kW} = 1.6\text{kW}$$

查阅有关资料，最后选定YI12M—6型电动机，其额定功率为2.2kW。

2. 阀类元件及辅助元件

根据液压系统的工作压力和通过各个阀类元件和辅助元件的实际流量，可选出其型号及规格见表9-6。

表9-6 元件的型号及规格（序号同图9-12）

序号	元件名称	估计通过流量 q/（L/min）	选用的型号和规格
1	双联叶片泵	—	2HY02—5/35
2	三位五通电液阀	80	5DY—100By 100×63
3	行程阀	80	22C—100BH 100×63
4	调速阀	<1	Q-6B 6×63 Qmin-0.031L/min
5	单向阀	80	I-100B 100×63
6	单向阀	40	I-63B 63×63
7	液控顺序阀	38	XY-63B 63×63
8	背压阀	<1	B-10B 10×63
9	溢流阀	5	Y-10B 10×63
10	单向阀	35	I-63B 63×63
11	滤油器	40	XU-80×100
12	压力表开关		K-6B
13	单向阀	80	I-100B 100×63
14	压力继电器		DP_1-63B

3. 油管

各类阀、辅助元件间连接油管的规格按元件接口处尺寸决定。液压缸进、出油管则按输入、排出的最大流量计算。液压泵具体选定之后由于液压缸在各个阶段的进、出流量已与原定数值不同，所以需重新计算（见表9-7）。

表 9-7　液压缸的进、出流量

	快　进	工　进	快　退
输入流量 q_1/（L/min）	$q_1=\frac{A_1q_B}{A_1-A_2}=75.64$	$q_1=0.5$	$q_1=q_B=40$
排出流量 q_2/（L/min）	$q_2=\frac{q_1A_1}{A_2}=35.64$	$q_2=\frac{q_1A_2}{A_1}=0.24$	$q_2=\frac{A_1q_1}{A_2}=84.91$
运动速度 v/（m/min）	$v_1=\frac{q_B}{A_1-A_2}=7.96$	$v_2=\frac{q_1}{A_1}=0.053$	$v_3=\frac{q_1}{A_2}=8.94$

根据表中数值，当油液在油管中流速选取 3m/min 时，按式 $d=\sqrt{\frac{4q}{\pi v}}$可算出与液压缸无杆腔和有杆腔相连的油管内径 d_1、d_2 分别为：

$$d_1=\sqrt{\frac{4\times75.64\times10^6}{\pi\times3\times10^3\times60}}\text{mm}=23.1\text{mm}$$

$$d_2=\sqrt{\frac{4\times40\times10^6}{\pi\times3\times10^3\times60}}\text{mm}=16.8\text{mm}$$

这两根油管都按 JB827—66 选用内径 20mm 外径 28mm 的无缝钢管。

4. 油箱

油箱容积按中、低压系统计算取系数为 6，则总容积 $V=6\times40\text{L}=240\text{L}$。

六、液压系统的性能验算

1. 回路压力损失验算

由于系统具体管路布置尚未确定，固整个回路的压力损失无法估算，但是阀类元件对压力，损失所造成的影响却是可以看得出来的。由资料查得：顺序阀、换向阀和行程阀的额定压力损失都是 0.3MPa，单向阀 0.2MPa，为此可作如下估算。

快进时进油路上通过单向阀 10 的流量是 35L/min，通过换向阀 2 的流量是 40L/min，通过阀 3 的流量是 75.64L/min，因此总的压力降为：

$$\sum\Delta p_{v1}=\left[0.2\times10^6\times\left(\frac{35}{63}\right)^2+0.3\times10^6\times\left(\frac{40}{100}\right)^2+0.3\times10^6\times\left(\frac{75.64}{100}\right)^2\right]\text{Pa}$$
$$=0.281\times10^6\text{Pa}=0.281\text{MPa}$$

回油路上通过换向阀 2 和单向阀 6 的流量都是 35.64L/min，通过行程阀 3 的流量是 75.64L/min，因此总的压降为：

$$\sum\Delta p_{v2}=\left[(0.3\times10^6+0.2\times10^6)\times\left(\frac{35.64}{100}\right)^2+0.3\times10^6\times\left(\frac{75.64}{100}\right)^2\right]$$
$$=0.236\times10^6\text{Pa}$$
$$=0.236\text{MPa}$$

将回油路上的压力损失折算到进油路上，便得到了快进时整个回路中阀类元件所造成的压力损失。

$$\sum\Delta p_v=\sum\Delta p_{v1}+\sum\Delta p_{v2}\left(\frac{A_2}{A_1-A_2}\right)$$

$$= \left[0.281 \times 10^6 + 0.236 \times 10^6 \left(\frac{44.77}{95 - 44.77}\right)\right] \text{Pa} = 0.49 \text{MPa}$$

工进时进油路上调速阀处的压力损失为 0.5MPa，回油路上背压阀处压力损失为 0.8MPa，顺序阀处通过 35.24L/min 的流量时也造成压力损失，因此这时整个回路因阀类元件造成的压力损失为：

$$\sum \Delta p_v = \left\{0.5 \times 10^6 + \left[0.8 \times 10^6 + 0.3 \times 10^6 \times \left(\frac{35.24}{63}\right)^2\right] \times \left(\frac{44.77}{95}\right)\right\} \text{Pa}$$

$$= 0.92 \times 10^6 \text{Pa} = 0.92 \text{MPa}$$

快退时进油路上通过单向阀 10 的流量为 35L/min，通过换向阀 2 的流量为 40L/min，回油路上通过单向阀 5、换向阀 2 和单向阀 13 的流量都是 84.91L/min，因此这时回路总压降为：

$$\sum \Delta p_v = \left[0.2 \times 10^6 \times \left(\frac{35}{63}\right)^2 + 0.3 \times 10^6 \times \left(\frac{40}{100}\right)^2 + (0.2 \times 10^6 + 0.3 \times 10^6 + 0.2 \times 10^6 \right.$$

$$\left. \times \left(\frac{84.91}{100}\right)^2\right] \times \left(\frac{95}{44.77}\right)^2 \text{Pa} = 1.18 \times 10^6 \text{Pa} = 1.18 \text{MPa}$$

2. 油液温升验算

工进阶段在整个工作循环时间中所占的比例达 96%（见前），所以系统发热和油液温升可用工进时的情况验算。

工进时液压缸的有效功率为：

$$P_{工} = p_2 q_2 = Fv = \frac{31449 \times 0.053}{10^3 \times 60} \text{kW} = 0.0278 \text{kW}$$

这时大流量泵压力油通过顺序阀 7 卸荷，小流量泵在高压下供油，所以两泵的总输出功率为：

$$P_i = \frac{p_{B1} q_{B1} + p_{B2} q_{B2}}{\eta}$$

$$= \left(\frac{3 \times 10^5 \times \left(\frac{35}{63}\right)^2 \times \frac{35}{60} \times 10^{-3}}{0.75 \times 10^3} + \frac{49.74 \times 10^5 \times \frac{5}{60} \times 10^{-3}}{0.75 \times 10^3}\right) \text{kW}$$

$$= 0.62 \text{kW}$$

由此得到液压系统的发热量为：

$$H_i = P_i - P_{工} = (0.62 - 0.0278) \text{kW} = 0.59 \text{kW}$$

油液的温升为：

$$\Delta T = \frac{0.59 \times 10^3}{\sqrt[3]{240^2}} ℃ = 15.3 ℃$$

因油温没有超出允许范围，故液压系统中不须设置冷却器。

第二篇　气压传动

第十章　气压传动基础知识

第一节　基础知识

气压传动与液压传动都是遵循帕斯卡原理和容积变化的原则传递能量的，但由于气压传动的工作介质是空气，所以它有其特殊性。

1. 空气的性质

自然界的空气是由若干种气体混合而成，按是否含有水蒸气，可以分为干空气和湿空气。气体的粘性较液压油液小得多，因而，在传输过程中压力损失较小。所以一个车间甚至一个工厂通常将压缩空气集中管理。

空气的粘性主要受温度变化的影响，温度增高，粘性变大。

空气的体积随压力和温度的变化而变化的性质，分别用压缩性和膨胀性来表示，空气的压缩性和膨胀性都大于液体和固体。

空气中含水分的多少对气动系统的稳定性有直接影响，因此需要采取措施除去压缩空气中的水分。

湿空气所含水分的程度用湿度（绝对湿度、饱和湿度、相对湿度）和含湿量来评价。湿空气被压缩后绝对湿度增加，同时温度也上升，当压缩空气冷却时，相对湿度增加，温度降到露点后有水滴凝析出来。

2. 气体状态方程

当气体处于某一平衡状态时，气体的压力、温度和比体积之间的关系称之为气体的状态方程。气体由一种状态变化到另一种状态，按其特性不同分为等容过程、等压过程、等温过程、绝热过程和多变过程。

第二节 例题与部分习题解答

例 10-1（习题 10-1） 在常温 $t=20℃$ 时，将空气从 0.1MPa（绝对压力）绝热压缩到 0.7MPa（绝对压力），试求温升 Δt 为多少。

解：已知 $T_1=(273+20)\text{K}=293\text{K}$，$p_1=0.1\text{MPa}$，$p_2=0.7\text{MPa}$，$\kappa=1.4$，将以上数据代入绝热变化过程状态方程，有 $T_2=T_1\left(\dfrac{p_2}{p_1}\right)^{\frac{\kappa-1}{\kappa}}=293\times\left(\dfrac{0.7}{0.1}\right)^{\frac{1.4-1}{1.4}}\text{K}=510.9\text{K}$

故温升为

$\Delta t=T_2-T_1=(510.9-293)℃=[(510.9-273)-(293-273)]℃=217.9℃$

例 10-2（习题 10-2） 空气压缩机向容积为 40L 的气罐充气直至 $p_1=0.8\text{MPa}$（绝对压力）时停止，此时气罐内温度 $t_1=40℃$，又经过若干小时罐内温度降至室温 $t=10℃$，试问：

1）此时罐内表压力为多少？

2）此时罐内压缩了多少室温为 10℃ 的自由空气（设大气绝对压力近似为 0.1MPa）？

解：已知 $p_1=0.8\text{MPa}$，$T_1=(273+40)\text{K}=313\text{K}$，$T_2=(273+10)\text{K}=283\text{K}$。

由等容过程状态方程可得

$$p_2=p_1\frac{T_2}{T_1}=0.8\times\frac{283}{313}\text{MPa}=0.72\text{MPa}$$

则

$$p_2(\text{表压})=(0.72-0.1)\text{MPa}=0.62\text{MPa}$$

由等温过程状态方程可得

$$V_1=\frac{p_2}{p_1}V_2=\frac{0.72}{0.1}\times 40\text{L}=288\text{L}$$

则

$$\Delta V=V_1-V_2=(288-40)\text{L}=248\text{L}$$

即罐内压缩了 248L 室温为 10℃ 的自由空气。

例 10-3 从室温（20℃）时把绝对压力为 1MPa 的压缩空气通过有效截面为 25mm^2 的阀口，充入容积为 90L 的气罐中，罐内绝对压力从 0.25MPa 上升到 0.68MPa 时，试求充气时间及气罐内的温度为多少？当温度降至室温后罐内压力为多少？

解：已知 $p_1=0.25\text{MPa}$，$p_2=0.68\text{MPa}$，$p_s=1\text{MPa}$，$T_s=T_1=(273.16+20)\text{K}=293.16\text{K}$，$V=90\times10^{-3}\text{m}^3$，$S=25\text{mm}^2$，$\kappa=1.4$。

先求充气时间常数

$$\tau=5.217\times10^3\times\frac{V}{\kappa S}\sqrt{\frac{273.16}{T_s}}=5.217\times10^3\times\frac{90\times10^{-3}}{1.4\times25}\times\sqrt{\frac{273.16}{293.16}}\text{s}=12.95\text{s}$$

从 0.25MPa 充气到 1MPa 所需时间为

$$t_1=\left(1.285-\frac{p}{p_s}\right)\tau=\left(1.285-\frac{0.25}{1.0}\right)\times12.95\text{s}=13.4\text{s}$$

从 0.68MPa 充气到 1MPa 所需时间为

$$t_2 = \left(1.285 - \frac{0.68}{1.0}\right) \times 12.95\text{s} = 7.835\text{s}$$

从 0.25MPa 充气到 0.68MPa 所需时间为

$$t = t_1 - t_2 = (13.4 - 7.835)\text{s} = 5.656\text{s}$$

按绝热过程计算充气后罐内温度为

$$T_2 = \frac{\kappa T_1}{1 + \dfrac{p_1}{p_2}(\kappa - 1)} = \frac{1.4 \times 293.16}{1 + \dfrac{0.25}{0.68}(1.4 - 1)}\text{K} = 357.8\text{K}$$

即 $t_2 = (357.8 - 273.16)℃ = 84.6℃$

按等容过程计算降至室温后罐内空气压力为

$$p_3 = p_2 \frac{T_3}{T_2} = 0.68 \times \frac{293.16}{357.8}\text{MPa} = 0.56\text{MPa}$$

第十一章 气源装置及气动辅助元件

1. 气源装置

气源装置向气动系统输送一定的压力和流量的洁净的压缩空气，其核心部分是空气压缩机。空气压缩机是气压发生装置，它将机械能转换为气体的压力能。压缩空气的净化、储存设备对压缩空气的质量和稳定性起着关键的作用。

（1）气压发生装置　空气压缩机将原动机输出的机械能转换为气体的压力能，供气动机械使用。空气压缩机按工作原理分为容积型和速度型两种，常用的为往复式（容积型）压缩机。空气压缩机应依据气动系统实际需要的压力和流量两个参数来选择。

（2）气源净化装置　由空气压缩机排出的压缩空气必须经过净化处理，除去油、水分、灰尘等杂质，并使之降温、干燥，达到一定品质要求。常用的气源净化装置包括空气过滤器、除油器、空气干燥器、后冷却器、贮气罐等。

（3）气源调节装置　通常讲的气源调节装置包括分水滤气器、减压阀和油雾器，它们之间依次无管化连接成组件，工作时安装在用气设备的近处。压缩空气经过气源调节装置的最后处理，进入各气动元件及系统，因此气源调节装置是气动元件及气动系统使用压缩空气质量的最后保证，其组成及规格，需由气动系统具体用气要求确定，可以少于三件，也可以多于三件。

2. 气动辅助元器件

气动辅助元器件是气动控制系统中不可缺少的部分，包括消声器、各种转换器、程序器、延时器、管道连接件等。

传输压缩空气的管道系统布置的原则应兼顾安装、使用、维护等方面的要求，与各种管道综合考虑。管道尺寸必须由系统最大流量和允许的最大压力损失来决定，其壁厚主要考虑管道的强度。

第十二章 气动执行元件

第一节　气缸和气动马达

气动执行元件是将压缩空气的压力能转换为机械能输出的装置，包括作直线运动的气缸和作旋转运动的气动马达。

1. 标准气缸

标准气缸的结构形式与活塞式液压缸基本相同。但气缸的工作特性与液压缸有所不同，如要精确确定气缸实际输出力是困难的，在计算缸径时常用到负载率的概念：

$$负载率 B = \frac{气缸实际负载}{气抽理论输出力} \tag{12-1}$$

活塞运动速度等于零时，B 取 0.8；运动速度越高，负载率 B 越小。当运动速度大于 0.5m/s 时，负载率 $B \leqslant 0.3$。

当活塞面积 A 和运动速度 v 一定时，所需的自由空气量 q 与工作压力 p 有关，计算公式为

$$q = Av \frac{p + 0.1013}{0.1013} \tag{12-2}$$

这是选择空气压缩机流量的依据。

2. 其他气缸

要了解膜片式气缸、冲击气缸、无杠气缸等典型气缸的特点。

膜片式气缸是利用压缩空气推动非金属膜片作往复运动的气缸，它结构紧凑、无泄露损失，但行程较小，适用于气动夹具、自动调节阀等场合。

冲击气缸是将压缩空气的压力能转换为活塞的动能，产生很大冲击力的气缸，一般用于冲床、风镐等机械设备。

无杆气缸是通过独特的无杆设计使活塞直接驱动运动部件的气缸，它安装空间小、结构紧凑且能承受偏载。

3. 气动马达

气动马达按结构形式可分为叶片式、活塞式、齿轮式等，常用的叶片式和活塞式气动马达，其工作原理和结构形式与同类型的液压马达相似。但在使用中，要注意气动马达的特性曲线具有软特性：当供气压力不变时，其转矩、转速、功率均随外负载变化而变化。因此，过载时气动马达转速降低或停车，有过载保护作用。长时间满载工作温升小，具有防火、防爆，耐潮湿、粉尘及振动等优点，适宜于恶劣环境使用。

第二节 例题与部分习题解答

例 12-1（习题 12-1） 单作用气缸内径为 63mm，复位弹簧最大反力为 150N，工作压力为 0.5MPa，负载率为 0.8。试求气缸的推力为多少？

解：气缸推力

$$F = (Ap - F_s)B = \left[\frac{\pi}{4} \times (63 \times 10^{-3})^2 \times 0.5 \times 10^6 - 150\right] \times 0.8\text{N} = 1126.9\text{N}$$

例 12-2（习题 12-2） 单杆双作用内径为 125mm，活塞杆直径为 36mm，工作压力为 0.5MPa，气缸负载率为 0.5。试求该气缸的拉力和推力各为多少？

解：气缸推力

$$F_{推} = \frac{\pi}{4}D^2pB = \frac{\pi}{4} \times (125 \times 10^{-3})^2 \times 0.5 \times 10^6 \times 0.5\text{N} = 3068\text{N}$$

气缸拉力 $F_{拉} = \frac{\pi}{4}(D^2 - d^2)pB$

$$= \frac{\pi}{4} \times (125^2 - 36^2) \times 10^{-6} \times 0.5 \times 10^6 \times 0.5\text{N} = 2813.5\text{N}$$

例 12-3（习题 12-3） 单杆双作用气缸内径 $D = 100$mm，活塞杆直径 $d = 40$mm，行程 $s = 450$mm，进退时工作压力均为 $p = 0.5$MPa，$\eta_v = 0.9$。试求一个往返行程的自由空气量为多少。

解：设压力为 $p = 0.5$MPa 时一个往返行程的空气消耗量为 V_p

则 $V_p = (V_{进} + V_{退})/\eta_v = \left[\frac{\pi}{4}(D^2 - d^2) + \frac{\pi}{4}D^2\right]s/\eta_v = \pi(2D^2 - d^2)s/(4\eta_v)$

气缸工作过程按等温过程考虑，即 $pV_p = p_aV_a$

所以自由空气量

$$V_a = \frac{p}{p_a}V_p = \frac{0.5 + 0.1}{0.1} \times \frac{\pi \times (2 \times 100^2 - 40^2) \times 10^{-6} \times 450 \times 10^{-3}}{4 \times 0.9}\text{m}^3$$

$$= 43.3 \times 10^{-3}\text{m}^3 = 43.3\text{L}$$

例 12-4（习题 12-4） 单叶片摆动气动马达的内半径 $r = 50$mm，外半径 $R = 300$mm，叶片轴向宽度 $B = 320$mm，进排气口的压力分别为 0.6MPa 和 0.15MPa，总效率 $\eta = 0.5$，$\eta_v = 0.6$，输入流量 $q = 0.4\text{m}^3/\text{min}$。试求气动马达的输出转矩 T 和角速度 ω。

解：气动马达输出转矩

$$T=\frac{b}{2}(R_2^2-R_1^2)(p_1-p_2)\eta_m,\text{而}\ \eta_m=\frac{\eta}{\eta_V}$$

所以

$$T=\frac{b}{2}(R_2^2-R_1^2)(p_1-p_2)\frac{\eta}{\eta_m}$$

$$=\frac{0.32}{2}\times(0.3^2-0.05^2)\times(0.6-0.15)\times10^6\times\frac{0.5}{0.6}\text{N}\cdot\text{m}=5.25\text{kN}\cdot\text{m}$$

角速度

$$\omega=\frac{2q}{b(R_2^2-R_1^2)}\eta_V=\frac{2\times0.4/60}{0.32\times(0.3^2-0.05^2)}\times0.6\text{rad/s}=0.286\text{rad/s}$$

注：虽然摆动气动马达和摆动液压马达计算转矩和转速的公式是一样的，但由于空气的可压缩性很大，摆动气动马达的转动平稳性远不如液压的。

第十三章 气动控制元件

一、气动控制阀

气动控制阀与液压控制阀一样，按功能也分为压力控制阀、流量控制阀和方向控制阀三大类，其工作原理及结构与同类液压控制阀类似。只是要注意它们的不同之处。

1. 气动方向控制阀与液压方向控制阀的不同之处

1）结构上有些不同，气动换向阀除滑柱式外，还有截止式等多种形式。

2）气动换向阀的回气一般直接排向大气，而液压换向阀的回油则通往油箱。

2. 气动系统中的调压阀（减压阀）与液压系统中的调压阀（溢流阀）的不同之处

1）气动减压阀是出口压力反馈，而液压溢流阀是进口压力反馈。

2）气动减压阀采用双弹簧调压，液压溢流阀采用单弹簧调压。

3. 气动减压阀与液压减压阀的不同之处

1）气动减压阀原始状态阀是关闭的，而液压减压阀原始状态阀是常通的。

2）气动减压阀采用双弹簧调压，液压减压阀采用单弹簧调压。

二、气动逻辑元件

气动逻辑元件是气动控制系统中颇具特色的元件，它通过元件内部可动部件的动作，改变气流方向来实现一定的逻辑功能，按结构可分为高压截止式、膜片式、滑阀式等逻辑元件。高压截止式逻辑元件按功能分为“与门”、“是门”、“或门”、“非门”、“禁门”、“或非”、及“记忆”等元件。膜片式逻辑元件的基本单元是三门元件。

三、气动比例阀及气动伺服阀

1. 气动比例阀

气动比例阀是一种输出量与输入信号成比例的气动控制阀，它可以按给定的输入信号连续地、按比例地控制气流的压力、流量和方向等。由于比例阀具有压力补偿的性能，所以其输出压力、流量等可不受负载变化的影响。按控制信号的类型，可以将气动比例阀分为气控比例阀和电控比例阀。气控比例阀以气流作为控制信号，控制阀的输出参数，可以实现流量放大。在实际系统中应用时，一般应与电—气转换器相结合，才能对各种气动执行机构进行压力控制。电控比例阀则以电信号作为控制信号。

2. 气动伺服阀

气动伺服阀的工作原理类似于气动比例阀，由于其控制信号均为电信号，故又称电—气伺服阀。与气动比例阀相比，除了结构上有差异外，主要在于气动伺服阀具有很高的动态响应和静态性能。但其价格也比较贵，使用和维护也比较困难。

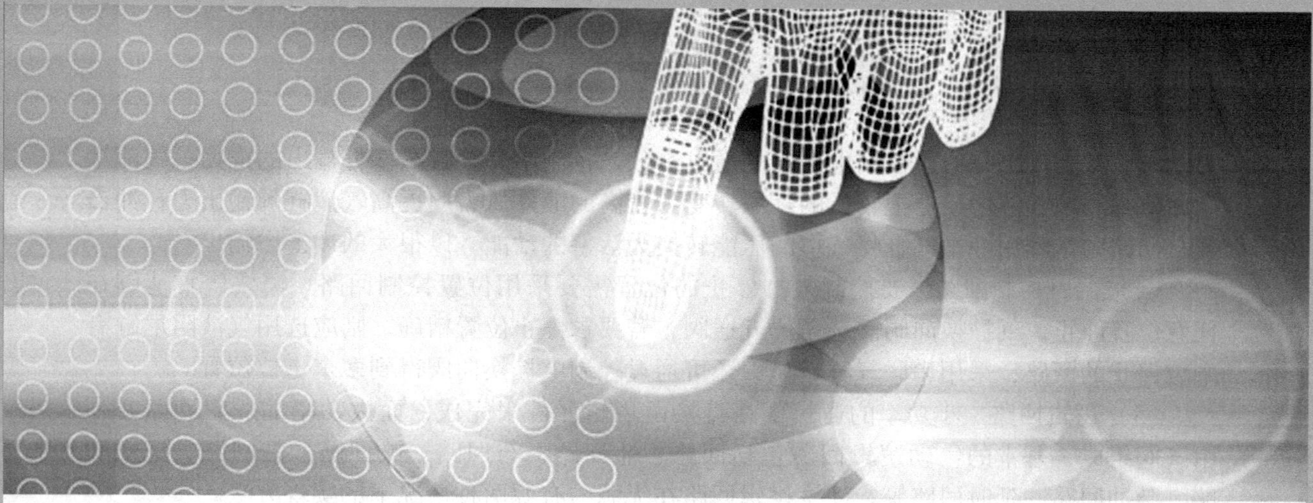

第十四章 气动基本回路

第一节 基础知识

与液压系统一样，气动系统也是由若干个基本回路组成的，基本回路按控制功能可分为换向回路、速度控制回路、压力控制回路、位置控制回路及基本逻辑回路。与液压系统不同的是人们常将经生产实践总结出的气动典型回路称为常用回路，如安全保护回路、同步动作回路、往复动作回路、计数回路、振荡回路等。读者要理解和掌握它们的工作原理。

（1）换向回路　执行元件工作时都有换向要求，二位换向阀只能使执行元件有两种状态（伸、缩），三位换向阀可使执行元件除伸、缩外，还可以任一位置停止。

（2）速度控制回路　因气动装置的使用功率不大，故气动执行元件运动速度的调节主要用节流调整方式，与液压传动有进油、回油和旁路节流调速不同。双作用气缸一般只采用排气节流调速，这是由于排气节流调速时执行元件的进气阻力小，受外负载变化影响小，调速效果好的缘故。

采用气液阻尼缸的速度控制回路，无需液压动力却利用液压油液不可压缩的优点保证了传动的平稳性和较高的定位精度，且能实现无级调速。气、液缸有串联和并联两种的结构形式。气、液缸串联回路的速度控制是通过液压单向节流阀实现，但需设置高位油箱以补充泄漏。气、液缸并联的回路可实现中停变速，比串联形式结构紧凑，气、液不易相混，为使活塞运动正常，应考虑导向装置。

（3）压力控制回路　压力控制回路用于调节和控制系统的压力。与液压系统的调压回路不同，这里起调压作用的是减压阀，气动溢流阀只作气罐的安全阀用。采用多个减压阀，可实现高低压控制，再配以气控换向阀，可实现高低压切换。用顺序阀的输出控制非门元件，可实现执行元件的过载保护。

因气动系统压力较低，所以有的压力控制回路通过改变执行元件的受力面积来增加输出力。串联气缸回路是通过控制电磁阀的通电个数来控制串联气缸活塞杆输出的推力；气液增压回路是利用气液增压器把较低的气压转变为较高的液体压力，提高气液缸的输出力；冲击气缸回路则是利用冲击气缸将气体的压能转换为活塞的动能，以很大的冲击力输出。

（4）位置控制回路　要控制气缸停止的位置需要采用位置控制回路。需要气缸能够在任意位置停止，气控换向阀需选三位五通阀，若要求停止位置精确，则应选用气液阻尼缸有中位停止的回路；采用串联气缸定位，还可通过控制电控换向阀得到多个定位位置。

（5）逻辑回路　小功率的逻辑回路直接由逻辑元件来完成，而大功率的逻辑回路必须由气阀组成，基本的气动逻辑回路包括回路、非回路、与回路、或回路、禁回路、记忆回路、脉冲回路、延时回路等。注意逻辑回路在无源与有源两种情况下的实现方法。

（6）安全保护回路　双手操作回路和互锁回路属安全保护回路。双手操作回路实际上是用与回路来控制气缸的主控换向阀切换：只有当双手同时动作，与回路才有信号输出使冲床工作，对操作人员的手起到保护作用。互锁回路是利用或回路（梭阀）来控制气缸主控换向阀切换，从而实现多缸互锁。

（7）同步动作回路　简单的同步动作回路是将两气缸的活塞杆连接起来，但遇偏载活塞容易卡死；采用气液组合缸、利用两液压缸等容积控制的同步动作回路同步精度较高，且允许偏载。

（8）往复动作回路　往复动作回路与液压系统中的机液换向回路类似，它是利用行程阀控制气控换向阀切换来实现气缸的往复动作。

（9）计数回路和振荡回路　计数回路和振荡回路可以用逻辑元件实现，也可以用气阀实现。随着光电技术应用的推广，气动的计数回路和振荡回路逐渐被取代。

第二节　例题与部分习题解答

例 14-1（习题 14-1）　试分析如图 14-1 所示的气动回路的工作过程，并指出各元件的名称。

解：1）各元件名称：

A、B——双作用气缸；C、D——单向顺序阀；E——起动阀；

1、2——双气控四通换向阀。

2）工作过程：

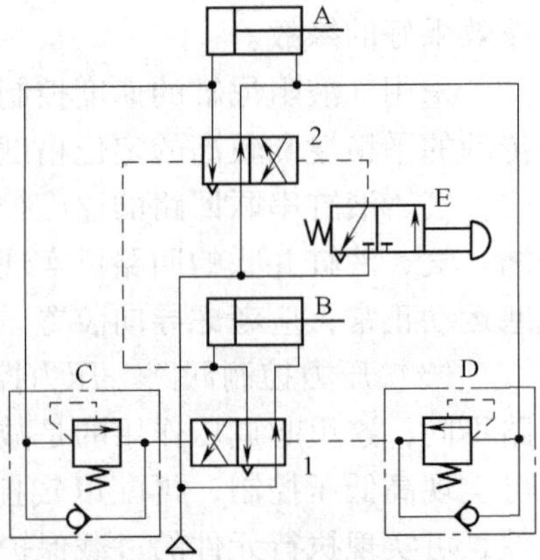

图 14-1　气动回路

按下起动阀 E，阀 2 右位接入回路；缸 A 左腔进气，右腔排气；缸 A 活塞杆右移至右端后，气压升高顺序阀 C 打开，使阀 1 左位接入回路，缸 B 左腔进气，右腔排气；缸 B 活塞杆右移至右端，使阀 2 左位接入回路；缸 A 右腔进气，左腔排气，缸 A 活塞杆返回至左端后，气压升高，顺序阀 D 打开；使阀 1 右位又接入回路，于是缸 B 右腔进气，左腔排气，缸 B 活塞杆返回至左端，完成一次工作循环。

可见，这是一个由顺序阀组成的顺序动作回路，它可以完成“缸 A 向右→缸 B 向右→缸 A 向左→缸 B 向左”

的半自动双缸顺序动作。

例 14-2（习题 14-2）　试利用两个双作用气缸，一只气动顺序阀，一只二位四通单电控换向阀组成的顺序动作回路。

解：顺序动作回路如图 14-2 所示。回路可实现“缸 A 向右→缸 B 向右→缸 A 向左→缸 B 向左”的半自动双缸顺序动作。

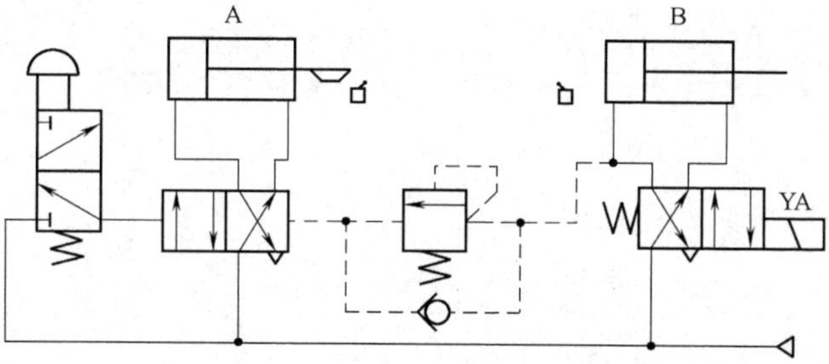

图 14-2　顺序动作回路

例 14-3（习题 14-3）　试设计一个双作用气缸动作之后单作用气缸才能动作的联锁回路。

解：能实现题目要求的联锁回路如图 14-3 所示。

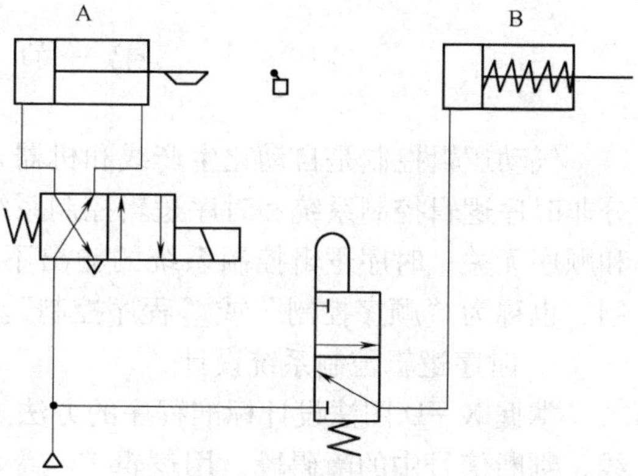

图 14-3　联锁回路

例 14-4　试利用双杆双作用气缸，设计一个既可使气缸在任意位置停止，又能使气缸处于浮动状态的气动回路，并说明工作原理。

解：工作原理：单独按下手动阀 V_1 或 V_2 时，气缸伸出或退回；当同时按下阀 V_1 和 V_2 时，气缸左右两腔同时加压，由于两腔有效面积相等，气缸可以停止在行程的任意一个位置上；当单独按下手动阀 V_3 时，气缸两腔同时卸压，气缸处于浮动状态。气动回路如图 14-4 所示。

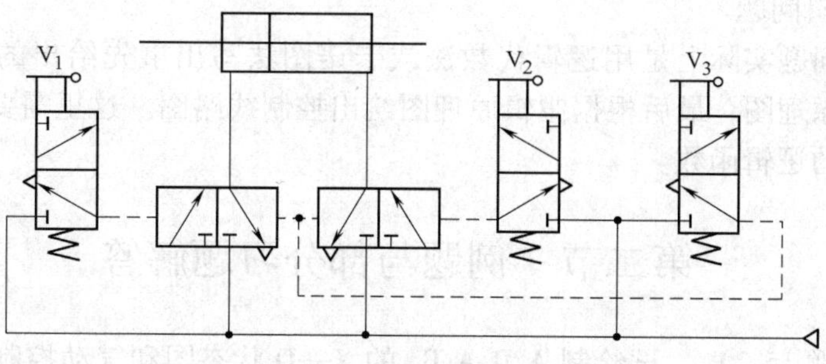

图 14-4　双杠双作用气缸

第十五章

气动程序系统及其设计

第一节　基 础 知 识

气动逻辑控制是自动化生产线和机器人中广泛应用的控制方式之一。气动逻辑控制系统分非时序逻辑控制系统和时序逻辑控制系统两类。非时序逻辑控制系统的输入与输出与时间和顺序无关；时序逻辑控制系统的输出不仅与输入信号的组合有关，而且受一定顺序的限制，也称为“顺序控制”或“程序控制”。本章主要学习程序控制系统的设计方法和步骤。

1. 时序逻辑控制系统设计

掌握X—D图法设计标准程序的方法。在X—D图上正确绘制行程程序的动作线和信号线，判断信号中的障碍段，用逻辑“与”运算和“或”运算清除障碍，得到各执行元件动作的执行信号（逻辑函数）。

根据各执行元件动作的执行信号（逻辑函数）绘出逻辑原理图及控制回路。

2. 非时序逻辑问题

非时序逻辑问题实际上是用逻辑代数法或卡诺图法写出事先给出的逻辑关系的逻辑函数，并绘出逻辑原理图，最后根据逻辑原理图绘出控制线路图。这里需要强调，写出的逻辑函数必须是化简的逻辑函数。

第二节　例题与部分习题解答

例 15-1（习题 15-2）　试绘制 $A_1B_1A_0B_0$ 的X—D状态图和气动控制回路图。

解： $A_1B_1A_0B_0$ 的X—D状态图如图15-1所示。

$A_1B_1A_0B_0$ 的气动控制回路图如图15-2所示。

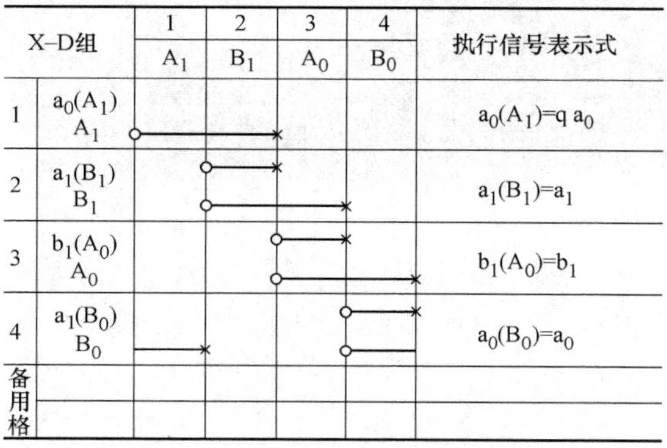

图 15-1　状态图

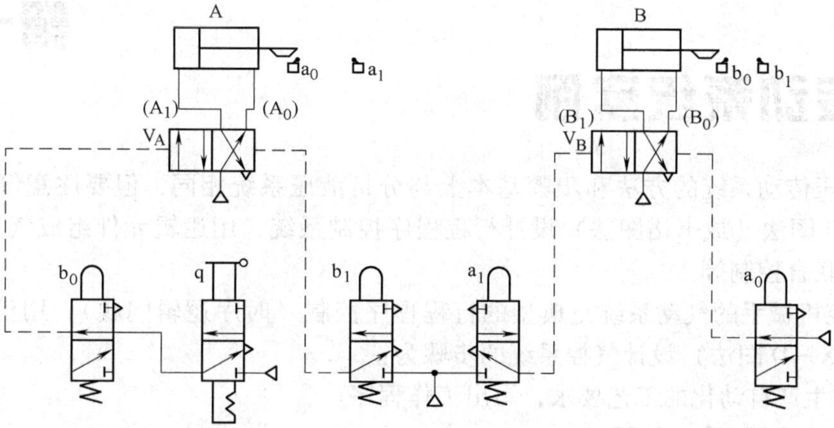

图 15-2　气动回路

第十六章 气压传动系统实例

分析气压传动系统的方法和步骤基本上与分析液压系统相同，但要注意气压传动的特点：用 X—D 图法（或卡诺图法）设计行程程序控制系统，用逻辑元件组成气动控制系统，气、液、电联合控制等。

1）气控机械手的气动系统是典型的行程程序控制（时序逻辑问题），用信号—动作状态线图法（X—D 图法）设计气控系统的步骤为：

① 根据生产自动化的工艺要求，写出工作程序。

② 按程序绘制 X—D 线图。

③ 分析并排除障碍，得出消障后的执行信号（逻辑函数）。

④ 根据 X—D 线图上的执行信号绘出逻辑原理图。

⑤ 由逻辑原理图绘出气控系统图。

2）如果气缸行程终点安装行程阀有困难，而定位精度要求不高时，可以采用“非门”元件代替行程阀来实现气缸的顺序动作。具体的方法是在气缸的排气管路上接一个“非门”元件，依靠气缸内腔的压力变化来输出信号。

3）气动系统用做计量系统是其特色之一，气动计量系统用于对传送带上连续供给的粒状物料进行计量，并按一定质量（kg）分装。要求掌握系统的工作原理及其特点。

4）充分发挥液压与气动的优点，采用气液控制系统是一种经济且实用的方案。分析硬质合金刀片磨床气液系统的工作原理，重点在于气、液的转换。

综合练习题

一、填空题

1. 液压系统中的压力取决于（　　），执行元件的运动速度取决于（　　）。

2. 液压传动装置由（　　）、（　　）、（　　）和（　　）四部分组成，其中（　　）和（　　）为能量转换装置。

3. 液体在管道中存在两种流动状态，（　　）时粘性力起主导作用，（　　）时惯性力起主导作用，液体的流动状态可用（　　）来判断。

4. 在研究流动液体时，把假设既（　　）又（　　）的液体称为理想液体。

5. 由于液体具有（　　），液流在管道中流动需要损耗一部分能量，它由（　　）损失和（　　）损失两部分组成。

6. 液流流经薄壁小孔的流量与（　　）的一次方成正比，与（　　）的1/2次方成正比。通过小孔的流量对（　　）不敏感，因此薄壁小孔常用作可调节流阀。

7. 通过固定平行平板缝隙的流量与（　　）一次方成正比，与（　　）的三次方成正比，这说明液压元件内的（　　）大小对其泄漏量的影响非常大。

8. 变量泵是指（　　）可以改变的液压泵，常见的变量泵有（　　）、（　　）、（　　），其中（　　）和（　　）是通过改变转子和定子的偏心距来实现变量，（　　）是通过改变斜盘倾角来实现变量。

9. 液压泵的实际流量比理论流量（　　）；而液压马达实际流量比理论流量（　　）。

10. 斜盘式轴向柱塞泵构成吸、压油密闭工作腔的三对运动摩擦副为（　　）与（　　）、（　　）与（　　）、（　　）与（　　）。

11. 外啮合齿轮泵的排量与（　　）的平方成正比，与的（　　）一次方成正比。因此，在齿轮节圆直径一定时，增大（　　），减少（　　）可以增大泵的排量。

12. 外啮合齿轮泵位于轮齿逐渐脱开啮合的一侧是（　　）腔，位于轮齿逐渐进入啮合的一侧是（　　）腔。

13. 为了消除齿轮泵的困油现象，通常在两侧盖板上开（　　），使闭死容积由大变小时与（　　）腔相通，闭死容积由小变大时与（　　）腔相通。

14. 齿轮泵产生泄漏的间隙为（　　）间隙和（　　）间隙，此外还存在（　　）间隙。对无间隙补偿的齿轮泵，（　　）泄漏占总泄漏量的80%～85%。

15. 双作用叶片泵的定子曲线由两段（　　）、两段（　　）及四段（　　）组成，吸、压油窗口位于（　　）段。

16. 调节限压式变量叶片泵的压力调节螺钉，可以改变泵的压力流量特性曲线上（　　）的大小，调节量大流量调节螺钉，可以改变（　　）。

17. 溢流阀的进口压力随流量变化而波动的性能称为（　　），性能的好坏用（　　）或（　　）、（　　）评价。显然（　　）小好，（　　）和（　　）大好。

18. 溢流阀为（　　）压力控制，阀口常（　　），先导阀弹簧腔的泄漏油与阀的出口相通。定值减压阀为（　　）压力控制，阀口常（　　），先导阀弹簧腔的泄漏油必须（　　）。

19. 调速阀是由（　　）和节流阀（　　）而成，旁通型调速阀是由（　　）和节流阀（　　）而成。

20. 为了便于检修，蓄能器与管路之间应安装（　　），为了防止液压泵停车或泄载时蓄能器内的压力油倒流，蓄能器与液压泵之间应安装（　　）。

21. 选用过滤器应考虑（　　）、（　　）、（　　）和其他功能，它在系统中可安装在（　　）、（　　）、（　　）、（　　）和单独的过滤系统中。

22. 两个液压马达主轴刚性连接在一起组成双速换接回路，两马达串联时，其转速为（　　）；两马达并联时，其转速为（　　），而输出转矩（　　）。串联和并联两种情况下回路的输出功率（　　）。

23. 在变量泵—变量马达调速回路中，为了在低速时有较大的输出转矩、在高速时能提供较大功率，往往在低速段，先将（　　）调至最大，用（　　）调速；在高速段，（　　）为最大，用（　　）调速。

24. 限压式变量泵和调速阀的调速回路，泵的流量与液压缸所需流量（　　），泵的工作压力（　　）；而差压式变量泵和节流阀的调速回路，泵输出流量与负载流量（　　），泵的工作压力等于（　　）加节流阀前后压力差，故回路效率高。

25. 顺序动作回路的功用在于使几个执行元件严格按预定动作，按控制方式不同，分为（　　）控制和（　　）控制。同步回路的功用是使相同尺寸的执行元件在运动上同步，同步运动分为（　　）同步和（　　）同步两大类。

26. 不含水蒸气的空气为（　　），含水蒸气的空气称为（　　），所含水分的程度用（　　）和（　　）来表示。

27. 理想气体是指（　　）。一定质量的理想气体在状态变化的某一稳定瞬时，其压力、温度、体积应服从（　　）。一定质量的气体和外界没有热量交换时的状态变化过程叫做（　　）。

28. 在气动系统中，气缸工作、管道输送空气等均视为（　　）；气动系统的快速充气、排气过程可视为（　　）。

29. （　　）是表示气流流动的一个重要参数，集中反应了气流的压缩性。（　　），气流密度变化越大。当（　　）时称为亚声速流动；当（　　）时称为超声速流动；当（　　）时称为声速流动。

30. 在亚声速流动时，要想使气体流动加速，应把管道做成（　　）；在超声速流动时，要想使气体流动减速，应把管道做成（　　）。

31. 向定积容器充气分为（　　）和（　　）两个阶段。同样，容器的放气过程也基本上分为（　　）和（　　）两个阶段。

32. 气源装置为气动系统提供满足一定质量要求的压缩空气，它是气动系统的一个重要组成部分，气动系统对压缩空气主要要求有：具有一定的（　　）和（　　），并具有一定的（　　）。因此必须设置一些（　　）的辅助设备。

33. 空气压缩机的种类很多，按工作原理分（　　）和（　　）。选择空气压缩机的根据是气压传动系统所需要的（　　）和（　　）两个主要参数。

34. 气源装置中压缩空气净化设备一般包括：（　　）、（　　）、（　　）、（　　）。

35. 气源调节装置是气动元件及气动系统使用压缩空气的最后保证，它包括（　　）、（　　）、（　　）。

36. 气源调节装置中的分水滤气器的作用是滤去空气的（　　）、（　　）并将空气中（　　）的分离出来。

37. 气动逻辑元件按结构形式可分为（　　）、（　　）、（　　）、（　　）。

38. 高压截止式逻辑元件是依靠（　　）推动阀芯或通过（　　）推动阀芯动作，改变气流通路以实现一定的逻辑功能；而高压膜片式逻辑元件的可动部件是（　　）。

二、选择题

1. 连续性方程是（　　）在流体力学中的表达形式，而伯努利方程是（　　）在流体力学中的表达形式。

（A）能量守恒定律　（B）动量定理　（C）质量守恒定律　（D）其他

2. 液体流经薄壁小孔的流量与孔口面积的（　　）和小孔前后压力差的（　　）成正比。

（A）一次方　（B）1/2 次方　（C）二次方　（D）三次方

3. 流经固定平行平板缝隙的流量与缝隙值的（　　）和缝隙前后压力差的（　　）成正比。

（A）一次方　（B）1/2 次方　（C）二次方　（D）三次方

4. 双作用叶片泵具有（　　）的结构特点；而单作用叶片泵具有（　　）结构的特点。

（A）作用在转子和定子上的液压径向力平衡

（B）所有叶片的顶部和底部所受液压力平衡

（C）不考虑叶片厚度，瞬时流量是均匀的

（D）改变定子和转子之间偏心距可改变排量

5. 一水平放置的双伸出杆液压缸，采用三位四通电磁换向阀，要求阀处于中位时，液压泵卸荷，且液压缸浮动，其中位机能应选用（　　）；要求阀处于中位时，液压泵卸荷，且液压缸闭锁不动，其中位机能应选用（　　）。

（A）O 型　（B）M 型　（C）Y 型　（D）H 型

6. 有两个调整压力分别为 5MPa 和 10MPa 的溢流阀串联在液压泵的出口，泵的出口压力为（　　）；并联在液压泵的出口，泵的出口压力又为（　　）。

（A）5MPa　（B）10MPa　（C）15MPa　（D）20MPa

7. 在下面几种调速回路中，（　　）中的溢流阀是安全阀，（　　）中的溢流阀是稳压阀。

（A）定量泵和调速阀的进油节流调速回路

（B）定量泵和旁通型调速阀的节流调速回路

（C）定量泵和节流阀的旁路节流调速回路

（D）定量泵和变量马达的闭式调速回路

8. 为平衡重力负载，使运动部件不会因自重而自行下落，在恒重力负载情况下，采用（　　）顺序阀作平衡阀，而在变重力负载情况下，采用（　　）顺序阀作限速锁。

（A）内控内泄式　　（B）内控外泄式　（C）外控内泄式　　（D）外控外泄式

9. 顺序阀在系统中作卸荷阀用时，应选用（　　）型，作背压阀时，应选用（　　）型。

（A）内控内泄式　　（B）内控外泄式　（C）外控内泄式　　（D）外控外泄式

10. 双伸出杆液压缸，采用活塞杆固定安装，工作台的移动范围为缸筒有效行程的（　　）；采用缸筒固定安置，工作台的移动范围为活塞有效行程的（　　）。

（A）1 倍　　（B）2 倍　　（C）3 倍　　（D）4 倍

11. 对于速度大、换向频率高、定位精度要求不高的平面磨床，采用（　　）液压操纵箱；对于速度低、换向次数不多、而定位精度高的外圆磨床，则采用（　　）液压操纵箱。

（A）时间制动控制式　　（B）行程制动控制式

（C）时间、行程混合控制式　　（D）其他

12. 要求多路换向阀控制的多个执行元件实现两个以上执行机构的复合动作，多路换向阀的连接方式为（　　），多个执行元件实现顺序单动，多路换向阀的连接方式为（　　）。

（A）串联油路　　（B）并联油路　　（C）串并联油路　　（D）其他

13. 在下列调速回路中，（　　）为流量适应回路，（　　）为功率适应回路。

（A）限压式变量泵和调速阀组成的调速回路

（B）差压式变量泵和节流阀组成的调速回路

（C）定量泵和旁通型调速阀（溢流节流阀）组成的调速回路

（D）恒功率变量泵调速回路

14. 容积调速回路中，（　　）的调速方式为恒转矩调节；（　　）的调节为恒功率调节。

（A）变量泵—变量马达　　（B）变量泵—定量马达

（C）定量泵—变量马达

15. 已知单活塞杆液压缸的活塞直径 D 为活塞直径 d 的两倍，差动连接的快进速度等于非差动连接前进速度的（　　）；差动连接的快进速度等于快退速度的（　　）。

（A）1 倍　　（B）2 倍　　（C）3 倍　　（D）4 倍

16. 有两个调整压力分别为 5MPa 和 10MPa 的溢流阀串联在液压泵的出口，泵的出口压力为（　　）；有两个调整压力分别为 5MPa 和 10MPa 内控外泄式顺序阀串联在液泵的出口，泵的出口压力为（　　）。

（A）5MPa　　（B）10MPa　　（C）15MPa

17. 用同样的定量泵、节流阀、溢流阀和液压缸组成下列几种节流调速回路，（　　）能够承受负值负载，（　　）的速度刚性最差，而回路效率最高。

（A）进油节流调速回路　　（B）回油节流调速回路

（C）旁路节流调速回路

18. 为保证负载变化时，节流阀的前后压力差不变，即通过节流阀的流量基本不变，往往节流阀与（　　）串联组成调速阀，或将节流阀与（　　）并联组成旁通型调速阀。

（A）减压阀　　（B）定差减压阀　（C）溢流阀　　（D）差压式溢流阀

19. 在定量泵节流调速阀回路中，调速阀可以安放在回路的（　　），而旁通型调速回路只能安放在回路的（　　）。

（A）进油路　　　　　（B）回油路　　　（C）旁油路

20. 差压式变量泵和（　　）组成的容积节流调速回路与限压式变量泵和（　　）组成的调速回路相比较，回路效率更高。

（A）节流阀　　　　　（B）调速阀　　　（C）旁通型调速阀

21. 液压缸的种类繁多，（　　）可作双作用液压缸，而（　　）只能作单作用液压缸。

（A）柱塞缸　　　　　（B）活塞缸　　　（C）摆动缸

22. 下列液压马达中，（　　）为高速马达，（　　）为低速马达。

（A）齿轮马达　　　　（B）叶片马达　　（C）轴向柱塞马达　　（D）径向柱塞马达

23. 三位四通电液换向阀的液动滑阀为弹簧对中型，其先导电磁换向阀中位必须是（　　）机能，而液动滑阀为液压对中型，其先导电磁换向阀中位必须是（　　）机能。

（A）H 型　　　　　　（B）M 型　　　　（C）Y 型　　　　　（D）P 型

24. 为保证锁紧迅速、准确，采用了双向液压锁的换向阀应选用（　　）中位机能；要求采用液控单向阀的压力机保压回路，在保压工况液压泵卸载，其换向阀应选用（　　）中位机能。

（A）H 型　　　　　　（B）M 型　　　　（C）Y 型　　　　　（D）D 型

25. 液压泵单位时间内排出油液的体积称为泵的流量。泵在额定转速和额定压力下的输出流量称为（　　）；在没有泄漏的情况下，根据泵的几何尺寸计算而得到的流量称为（　　），它等于排量和转速的乘积。

（A）实际流量　　　　（B）理论流量　　（C）额定流量

26. 在实验或工业生产中，常把零压差下的流量（即负载为零时泵的流量）视为（　　）；有些液压泵在工作时，每一瞬间的流量各不相同，但在每转中按同一规律重复变化，这就是泵的流量脉动。瞬时流量一般指的是瞬时（　　）。

（A）实际流量　　　　（B）理论流量　　（C）额定流量

27. 对于双作用叶片泵，如果配油窗口间距角小于两叶片间的夹角，会导致（　　）；又（　　），配油窗口的间距角不可能等于两叶片间的夹角，所以配油窗口的间距夹角必须大于等于两叶片间的夹角。

（A）由于加工安装误差，难以在工艺上实现

（B）不能保证吸、压油腔之间的密封，使泵的容积效率太低

（C）不能保证泵连续平稳的运动

28. 在双作用叶片泵中，当配油窗口间隔夹角 > 定子圆弧部分的夹角 > 两叶片的夹角时，存在（　　），当定子圆弧部分的夹角 > 配油窗口的间隙夹角 > 两叶片的夹角时，（　　）。

（A）闭死容积大小在变化，有困油现象

（B）虽有闭死容积，但容积大小不变化，所以无困油现象

（C）不会产生闭死容积，所以无困油现象

29. 当配油窗口的间隔夹角 > 两叶片的夹角时，单作用叶片泵（　　），当配油窗口的间隔夹角 < 两叶片的夹角时，单作用叶片泵（　　）。

（A）闭死容积大小在变化，有困油现象

（B）虽有闭死容积，但容积大小不变化，所以无困油现象

（C）不会产生闭死容积，所以无困油现象

30. 双作用叶片泵的叶子在转子槽中的安装方向是（　　），限压式变量叶片泵的叶片在转子槽中的安装方向是（　　）。

（A）沿着径向方向安装

（B）沿着转子旋转方向前倾一角度

（C）沿着转子旋转方向后倾一角度

31. 当限压式变量泵工作压力 $p > p_{拐点}$ 时，随着负载压力上升，泵的输出流量（　　）；当恒功率变量泵工作压力 $p > p_{拐点}$ 时，随着负载压力上升，泵的输出流量（　　）。

（A）增加　　（B）呈线性规律衰减

（C）呈双曲线规律衰减　　（D）基本不变

32. 已知单活塞杆液压缸两腔有效面积 $A_1 = 2A_2$，液压泵供油流量为 q，如果将液压缸差动连接，活塞实现差动快进，那么进入大腔的流量是（　　），如果不差劝连接，则小腔的排油流量是（　　）。

（A）$0.5q$　　（B）$1.5q$　　（C）$1.75q$　　（D）$2q$

33. 在泵—缸回油节流阀调速回路中，三位四通换向阀处于不同位置时，可使液压缸实现快进—工进—端点停留—快退的动作循环。试分析：在（　　）工况下，泵所需的驱动功率为最大；在（　　）工况下，缸输出功率最小。

（A）快进　　（B）工进　　（C）端点停留　　（D）快退

34. 系统中中位机能为 P 型的三位四通换向阀处于不同位置时，可使单活塞杆液压缸实现快进—慢进—快退的动作循环。试分析：液压缸在运动过程中，如突然将换向阀切换到中间位置，此时缸的工况为（　　）；如将单活塞杆缸换成双活塞杆缸，当换向阀切换到中位置时，缸的工况为（　　）。（不考虑惯性引起的滑移运动）

（A）停止运动　　（B）慢进　　（C）快退　　（D）快进

35. 在减压回路中，减压阀调定压力为 p_j，溢流阀调定压力为 p_y，主油路暂不工作，二次回路的负载压力为 p_L。若 $p_y > p_j > p_L$，减压阀进、出口压力关系为（　　），若 $p_y > p_L > p_j$，减压阀进、出口压力关系为（　　）。

（A）进口压力 $p_1 = p_y$，出口压力 $p_2 = p_j$

（B）进口压力 $p_1 = p_y$，出口压力 $p_2 = p_L$

（C）$p_1 = p_2 = p_j$，减压阀的进口压力、出口压力、调定压力基本相等

（D）$p_1 = p_2 = p_L$，减压阀的进口压力、出口压力与负载压力基本相等

36. 在减压回路中，减压阀调定压力为 p_j，溢流阀调定压力为 p_y，主油路暂不工作，二次回路的负载压力为 p_L。若 $p_y > p_j > p_L$，减压阀阀口状态为（　　）；若 $p_y > p_L > p_j$，减压阀阀口状态为（　　）。

（A）阀口处于小开口的减压工作状态

（B）阀口处于完全关闭状态，不允许油流通过阀口

（C）阀口处于基本关闭状态，但仍允许少量的油流通过阀口流至先导阀

（D）阀口处于全开启状态，减压阀不起减压作用

37. 系统中采用了内控外泄顺序阀，顺序阀的调定压力为 p_x（阀口全开时损失不计），

其出口负载压力为 p_L。当 $p_L > p_x$ 时，顺序阀进、出口压力 p_1 和 p_2 之间的关系为（　　）；当 $p_L < p_x$ 时，顺序阀进出口压力 p_1 和 p_2 之间的关系为（　　）。

（A）$p_1 = p_x$，$p_2 = p_L$（$p_1 \neq p_2$）

（B）$p_1 = p_2 = p_L$

（C）p_1 上升至系统溢流阀调定压力 $p_1 = p_y$，$p_2 = p_L$

（D）$p_1 = p_2 = p_x$

38. 当控制阀的开口一定，阀的进、出口压力差 $\Delta p <$（3～5）$\times 10^5$Pa 时，随着压力差 Δp 变小，通过节流阀的流量（　　）；通过调速阀的流量（　　）。

（A）增加　（B）减少　（C）基本不变　（D）无法判断

39. 当控制阀的开口一定，阀的进、出口压力差 $\Delta p >$（3～5）$\times 10^5$Pa 时，当负载变化导致压力差 Δp 增加时，压力差的变化对节流阀流量变化的影响（　　）；对调速阀流量变化的影响（　　）。

（A）增大　（B）减小　（C）基本不变　（D）无法判断

40. 当控制阀的开口一定，阀的进、出口压力相等时，通过节流阀的流量为（　　）；通过调速阀的流量为（　　）。

（A）0　（B）某调定值　（C）某变值　（D）无法判断

41. 在回油节流调速回路中，节流阀处于节流调速工况，系统的泄漏损失及溢流阀调压偏差均忽略不计。当负载 F 增加时，泵的输入功率（　　），缸的输出功率（　　）。

（A）增加　（B）减少

（C）基本不变　（D）可能增加也可能减少

42. 在调速阀旁路节流调速回路中，调速阀的节流开口一定，当负载从 F_1 降到 F_2 时，若考虑泵内泄漏变化因素时液压缸的运动速度 v（　　）；若不考虑泵内泄漏变化的因素时，缸运动速度 v 可视为（　　）。

（A）增加　（B）减少　（C）不变　（D）无法判断

43. 在定量泵—变量马达的容积调速回路中，如果液压马达所驱动的负载转矩变小，若不考虑泄漏的影响，试判断马达转速（　　）；泵的输出功率（　　）。

（A）增大　（B）减小　（C）基本不变　（D）无法判断

44. 在限压式变量泵与调速阀组成的容积节流调速回路中，若负载从 F_1 降到 F_2 而调速阀开口不变时，泵的工作压力（　　）；若负载保持定值而调速阀开口变小时，泵工作压力（　　）。

（A）增加　（B）减小　（C）不变

45. 在差压式变量泵和节流阀组成的容积节流阀调速回路中，如果将负载减小，其他条件保持不变，泵的出口压力将（　　）；节流阀两端压差将（　　）。

（A）增加　（B）减小　（C）不变

46. 在气体状态变化的（　　）过程中，系统靠消耗自身的内能对外做功；在气体状态变化的（　　）过程中，无内能变化，加入系统的热量全部变成气体所做的功。

（A）等容　（B）等压　（C）等温　（D）绝热

47. 每立方米的湿空气中所含水蒸气的质量称为（　　）；每千克的干空气中所混合的水蒸气的质量称为（　　）。

(A) 绝对湿度　　(B) 相对湿度　　(C) 含湿量　　(D) 析水量

48. 在亚声速流动时，管道截面缩小，气流速度（　）；在超声速流动时，管道截面扩大，气流速度（　）。

(A) 增加　　(B) 不变　　(C) 减小

49. 当a、b两孔同时有气信号时，s口才有信号输出的逻辑元件是（　）；当a或b任一孔有气信号，s口就有输出的逻辑元件是（　）。

(A) 与门　　(B) 禁门　　(C) 或门　　(D) 三门

50. 气动仪表中，（　）将检测气信号转换为标准气信号；（　）将测量参数与给定参数比较并进行处理，使被控参数按需要的规律变化。

(A) 变送器　　(B) 比值器　　(C) 调节器　　(D) 转换器

51. 为保证压缩空气的质量，气缸和气马达前必须安装（　）；气动仪表或气动逻辑元件前应安装（　）。

(A) 分水滤气器—减压阀—油雾器

(B) 分水滤气器—油雾器—减压阀

(C) 减压阀—分水滤气器—油雾器

(D) 分水滤气器—减压阀

三、判断题

1. 液压缸活塞运动速度只取决于输入流量的大小，与压力无关。

2. 液体流动时，其流量连续性方程是能量守恒定律在流体力学中的一种表达形式。

3. 理想流体伯努利方程的物理意义是：在管内作稳定流动的理想流体，在任一截面上的压力能、势能和动能可以互相转换，但其总和不变。

4. 雷诺数是判断层流和紊流的依据。

5. 薄壁小孔因其通流量与油液的粘度无关，即对油温的变化不敏感，因此，常用作调节流量的节流器。

6. 流经间隙的流量随着间隙值的增加而成倍增加。

7. 流量可改变的液压泵称为变量泵。

8. 定量泵是指输出流量不随泵的输出压力改变的泵。

9. 当液压泵的进、出口压力差为零时，泵输出的流量即为理论流量。

10. 配流轴式径向柱塞泵的排量V与定子相对转子的偏心成正比，改变偏心即可改变排量。

11. 双作用叶片泵因两个吸油窗口、两个压油窗口是对称布置，因此作用在转子和定子上的液压径向力平衡，轴承承受径向力小、寿命长。

12. 双作用叶片泵的转子叶片槽根部分部通过压力油是为了保证叶片紧贴定子内环。

13. 液压泵产生困油现象的充分且必要的条件是：存在闭死容积且容积大小发生变化。

14. 齿轮泵多采用变位修正齿轮是为了减小轮重合度，消除困油现象。

15. 液压马达与液压泵从能量转换观点上看是互逆的，因此所有的液压泵均可以用来做马达使用。

16. 因存在泄漏，因此输入液压马达的实际流量大于其理论流量，而液压泵的实际输出流量小于其理论流量。

17. 双活塞杆液压缸又称为双作用液压缸，单活塞杆液压缸又称为单作用液压缸。

18. 滑阀为间隙密封，锥阀为线密封，后者不仅密封性能好而且开启时无死区。

19. 节流阀和调速阀都是用来调节流量及稳定流量的流量控制阀。

20. 单向阀可以用来作背压阀。

21. 同一规格的电磁换向阀机能不同，可靠换向的最大压力和最大流量不同。

22. 因电磁吸力有限，对液动力较大的大流量换向阀应选用液动换向阀或电液换向阀。

23. 串联了定值减压阀的支路，始终能获得低于系统压力调定值的稳定的工作压力。

24. 增速缸和增压缸都是柱塞缸与活塞缸组成的复合形式的执行元件。

25. 变量泵容积调速回路的速度刚性受负载变化影响的原因与定量泵节流调速回路有根本的不同，如负载转矩增大，泵和马达的泄漏增加，马达转速下降。

26. 采用调速阀的定量泵节流调速回路，无论负载如何变化始终能保证执行元件运动速度稳定。

27. 旁通型调速阀（溢流节流阀）只能安装在执行元件的进油路上，而调速阀还可以安装在执行元件的回油路和旁油路上。

28. 油箱在液压系统中的功用是储存液压系统所需的足够油液。

29. 在变量泵—变量马达闭式回路中，辅助泵的功用在于补充泵和马达的泄漏。

30. 因液控单向阀关闭时密封性能好，故常用在保压回路和锁紧回路中。

31. 同步运动分速度同步和位置同步，位置同步必定速度同步；而速度同步未必位置同步。

32. 压力控制的顺序动作回路中，顺序阀和压力继电路的调定压力应为执行元件前一动作的最高压力。

33. 为限制斜盘式轴向柱塞泵的柱塞所受的液压侧向力不致过大，斜盘的最大倾角 α_{max} 一般小于 18°~20°。

34. 当液流通过滑阀和锥阀时，液流作用在阀芯上的液动力都是力图使阀口关闭的。

35. 流体在管道中作稳定流动时，同一时间内流过管每一截面的质量相等。

36. 空气的粘度主要受温度变化的影响，温度增高，粘度变小。

37. 在气体状态变化的等容过程中，气体对外不做功，气体随温度升高，压力增大，系统内能增加。

38. 气体在管道中流动，随着管道截面扩大，流速减小，压力增加。

39. 在放气过程中，一般当放气孔面积较大、排气较快时，接近于绝热过程；当放气孔面积较小、气壁导热又好时，则接近于等温过程。

40. 气源调节装置是气动元件及气动系统使用压缩空气质量的最后保证。其安装次序依进气方向为减压阀、分水滤气器、油雾器。

四、名词解释：

1. 帕斯卡原理（静压传递原理）
2. 系统压力
3. 运动粘度
4. 液动力
5. 层流

6. 紊流
7. 沿程压力损失
8. 局部压力损失
9. 液压卡紧现象
10. 液压冲击
11. 气穴现象；气蚀
12. 排量
13. 自吸泵
14. 变量泵
15. 恒功率变量泵
16. 困油现象
17. 差动连接
18. 往返速比
19. 滑阀的中位机能
20. 溢流阀的压力流量特性
21. 节流阀的刚性
22. 节流调速回路
23. 容积调速回路
24. 功率适应回路（负载敏感调速回路）
25. 速度刚性
26. 相对湿度
27. 气动元件的有效截面积
28. 马赫数
29. 非时序逻辑系统
30. 时序逻辑系统

五、分析题

1. 如图 16-1 所示的定量泵输出流量为恒定值 q_p，如在泵的出口接一节流阀，并将阀的开口调节的小一些，试分析回路中活塞运动的速度 v 和流过截面 P、A、B 三点流量应满足什么样的关系（活塞两腔的面积为 A_1 和 A_2，所有管道的直径 d 相同）。

2. 如图 16-2 所示的节流阀调速系统中，节流阀为薄壁小孔，流量系数 $C=0.67$，油的密度 $\rho=900\text{kg/cm}^3$，先导式溢流阀调定压力 $p_y=12\times10^5\text{Pa}$，泵流量 $q=20\text{L/min}$，活塞面积 $A_1=30\text{cm}^2$，载荷 $F=2400\text{N}$。试分析节流阀开口（面积为 A_T）在从全开到逐渐调小过程中，活塞运动速度如何变化及溢流阀的工作状态。

3. 已知一个节流阀的最小稳定流量为 q_{min}，液压缸两腔面积不等，即 $A_1>A_2$，缸的负载为 F。如果分别组成进油节流调速和回油节流调速回路，试分析：

1）进油、回油节流阀速哪个回路能使液压缸获得更低的最低运动速度。

2）在判断哪个回路能获得最低的运动速度时，应将上述哪些参数保持相同，方能进行比较。

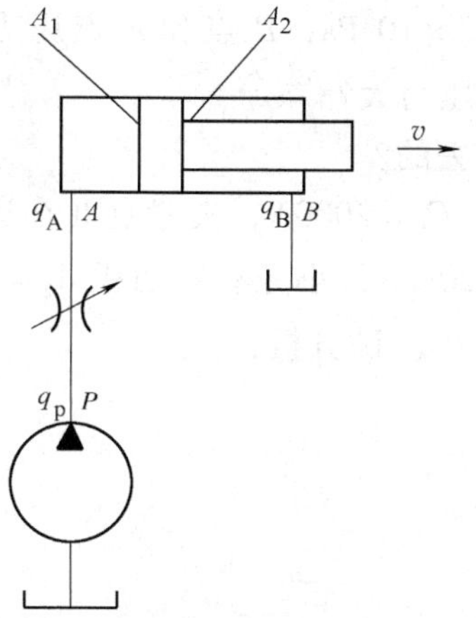

图 16-1　定量泵

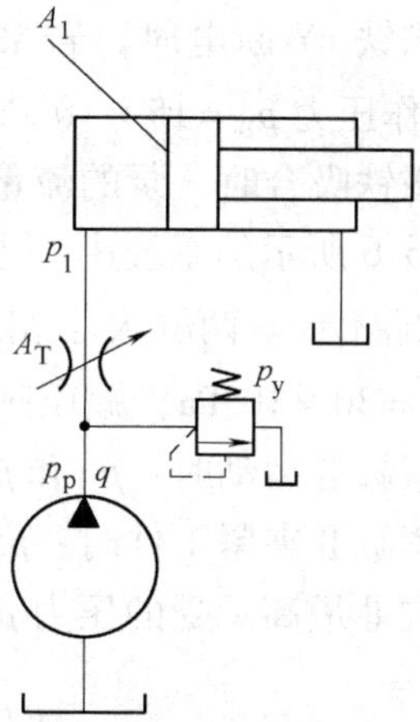

图 16-2　节流阀调速系统

4. 在图 16-3 所示的回路中，旁通型调速阀（溢流节流阀）装在液压缸的回油路上，通过分析其调速性能判断下面哪些结论是正确的。

（A）缸的运动速度不受负载变化的影响，调速性能较好。

（B）溢流节流阀相当于一个普通节流阀，只起回油节流调速的作用，缸的运动速度受负载变化的影响。

（C）溢流节流阀两端压差很小，液压缸回油腔背压很小，不能进行调速。

5. 如图 16-4 所示的回路为带补油装置的液压马达制动回路，说明图中三个溢流阀和单向阀的作用。

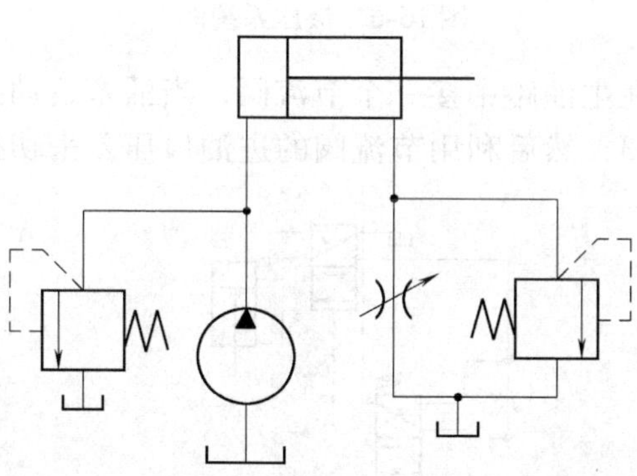

图 16-3　液压回路

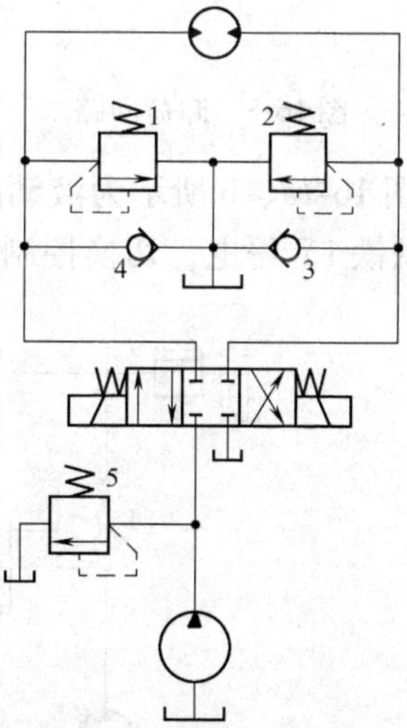

图 16-4　制动液压回路

6. 如图 16-5 所示是利用先导式溢流阀进行卸荷的回路。溢流阀调定压力 $p_y = 30 \times 10^5 \text{Pa}$。要求考虑阀芯阻尼孔的压力损失，回答下列问题：

1）在溢流阀开启或关闭时，控制油路 E、F 段与泵出口处 B 点的油路是否始终是连通的？

2）在电磁铁 1Y 断电时，若泵的工作压力 $p_B = 30 \times 10^5$Pa，B 点和 E 点压力哪个压力大？若泵的工作压力 $p_B = 15 \times 10^5$Pa，B 点和 E 点哪个压力大？

3）在电磁铁吸合时，泵的流量是如何流到油箱中去的？

7. 如图 16-6 所示的系统中，主工作缸Ⅰ负载阻力 $F_1 = 2000$N，夹紧缸Ⅱ在运动时负载阻力很小可忽略不计。两缸大小相同，大腔面积 $A_1 = 20\text{cm}^2$，小腔有效面积 $A_2 = 10\text{cm}^2$，溢流阀调整值 $p_y = 30 \times 10^5$Pa，减压阀调整值 $p_j = 15 \times 10^5$Pa。试分析：

1）当夹紧缸Ⅱ运动时：p_a 和 p_b 分别为多少？

2）当夹紧缸Ⅱ夹紧工件时：p_a 和 p_b 分别为多少？

3）夹紧缸Ⅱ最高承受的压力 p_{max} 为多少？

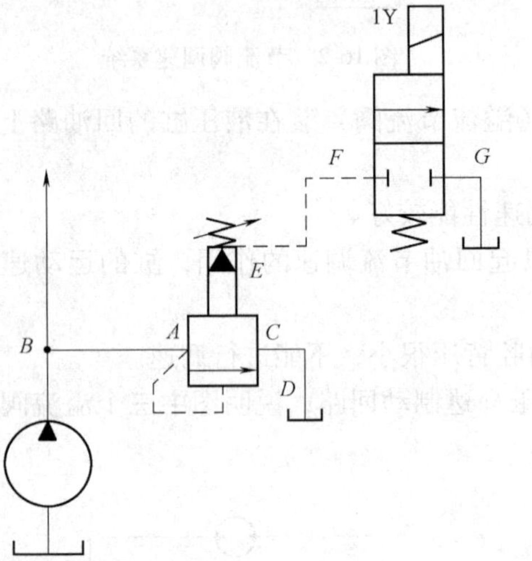

图 16-5　卸荷回路

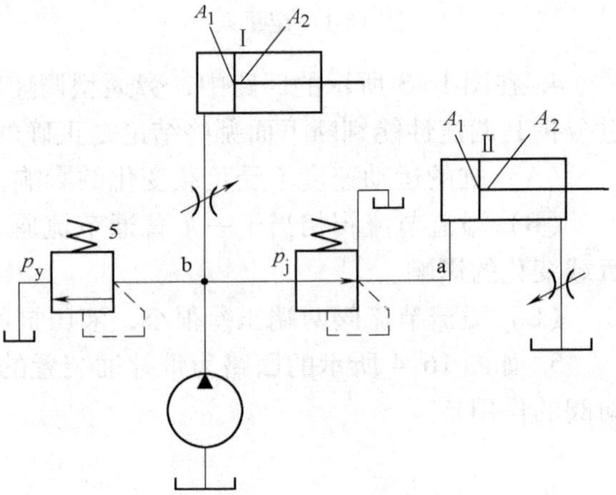

图 16-6　液压系统图

8. 如图 16-7a、b 所示为液动阀换向回路。在主油路中接一个节流阀，当活塞运动到行程终点电磁铁 1Y 得电，切换控制油路的电磁阀 3，然后利用节流阀的进油口压差来切换液

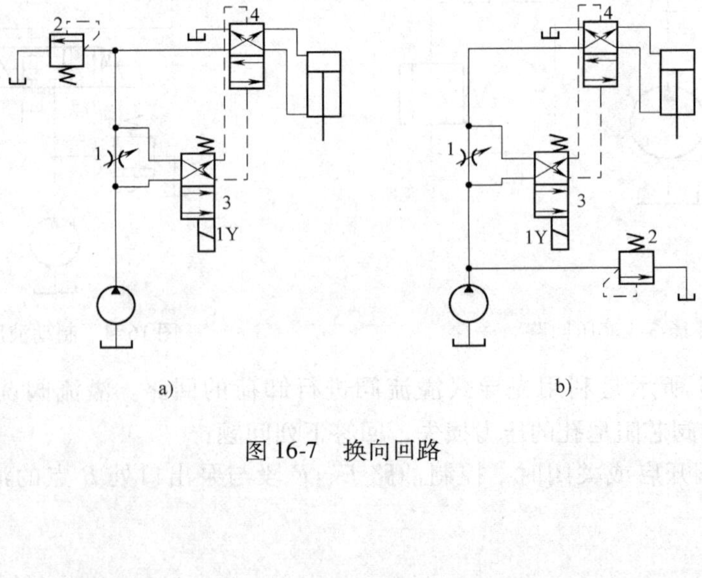

图 16-7　换向回路

动阀 4，实现液压缸的换向。试判断图示两种方案是否都能正常工作？

9. 在图 16-8 所示的夹紧系统中，已知定位压力要求为 10×10^5Pa，夹紧力要求为 3×10^4N，夹紧缸无杆腔面积 $A_1=100$cm，试回答下列问题：1）A、B、C、D 各件名称，作用及其调整压力；2）系统的工作过程。

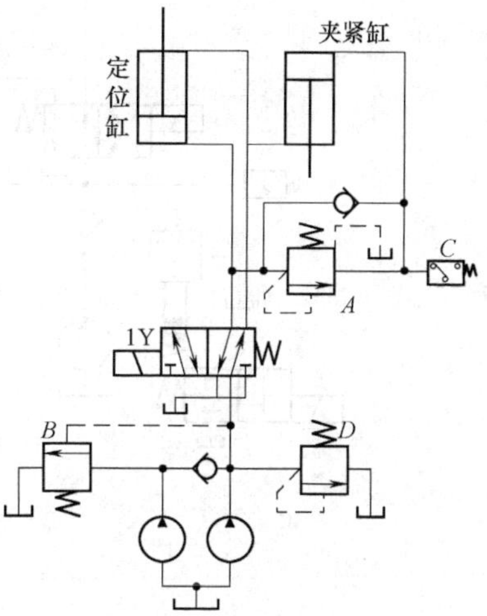

图 16-8　夹紧系统

10. 如图 16-9 所示系统为一个二级减压回路，活塞在运动时需克服摩擦阻力 $F=1500$N，活塞面积 $A=15\text{cm}^2$，溢流阀调整压力 $p_y=45\times10^5$Pa，两个减压阀的调定压力分别为 $p_{j1}=20\times10^5$Pa 和 $p_{j2}=35\times10^5$Pa，管道和换向阀的压力损失不计。试分析：

1）当 1Y 吸合时活塞处于运动过程中，p_B、p_A、p_C 三点的压力各为多少？

2）当 1Y 吸合时活塞夹紧工件，这时 p_B、p_A、p_C 三点的压力各为多少？

3）如在调整减压阀压力时，改取 $p_{j1}=35\times10^5$Pa 和 $p_{j2}=20\times10^5$Pa，该系统是否能使工件得到两种不同夹紧力？

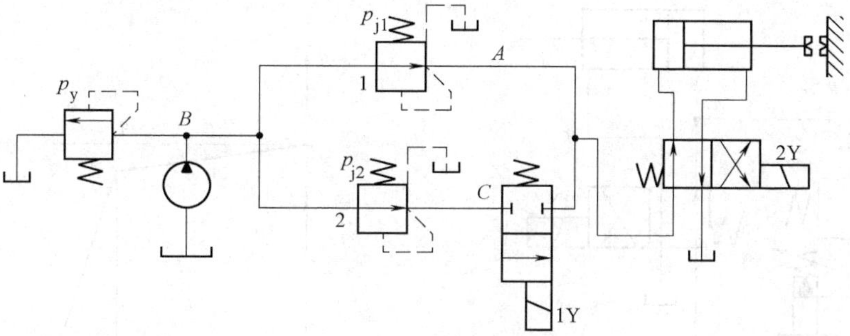

图 16-9　减压回路

11. 在图 16-10 所示系统中，两液压缸的活塞面积相同，$A=20\text{cm}^2$，缸 Ⅰ 的阻力负载 $F_Ⅰ=8000$N，缸 Ⅱ 的阻力负载 $F_Ⅱ=4000$N，溢流阀的调整压力 $p_y=45\times10^5$Pa。

1）在减压阀不同调定压力时（$p_{j1}=10\times10^5$Pa、$p_{j2}=20\times10^5$Pa，$p_{j3}=40\times10^5$Pa）两缸的动作顺序是怎样的？

2）在上面三个不同的减压阀调整值中，哪个调整值会使缸 Ⅱ 运动速度最快？

12. 如图 16-11 所示采用蓄能器的压力机系统的两种方案，其区别在于蓄能器和压力继电器的安装位置不同。试分析它们的工作原理，并指出附图 11a、b 的系统分别具有哪些功能？

13. 在图 16-12 所示的系统中，两溢流阀

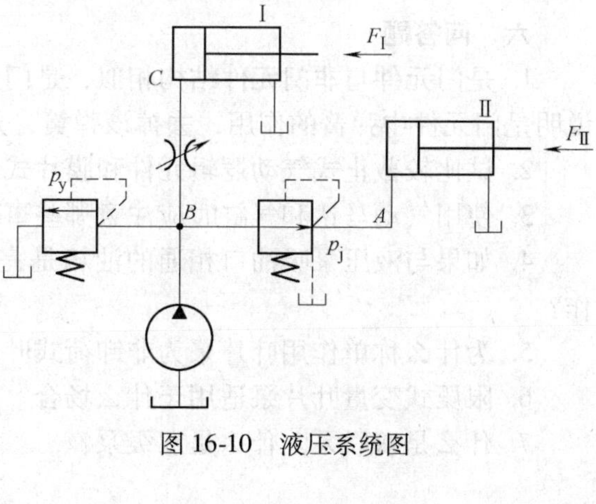

图 16-10　液压系统图

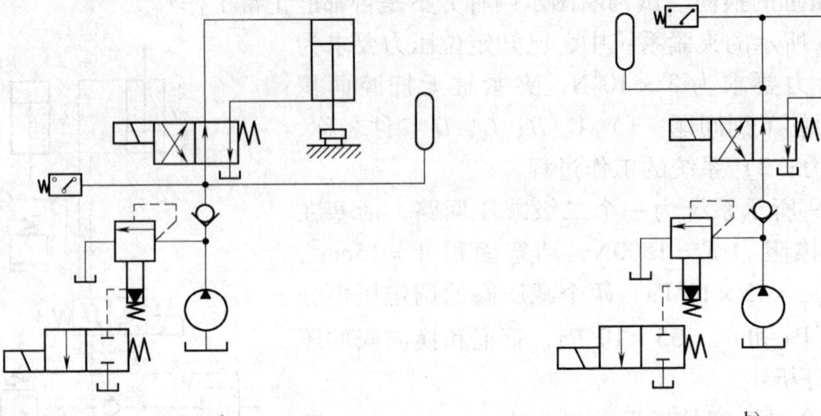

图 16-11　压力机系统

的调定压力分别为 $60\times10^5\mathrm{Pa}$、$20\times10^5\mathrm{Pa}$。

1）当 $p_{y1}=60\times10^5\mathrm{Pa}$，$p_{y2}=20\times10^5\mathrm{Pa}$，1Y 吸合和断电时泵最大工作压力分别为多少？

2）当 $p_{y1}=20\times10^5\mathrm{Pa}$，$p_{y2}=60\times10^5\mathrm{Pa}$，1Y 吸合和断电时泵最大工作压力分别为多少？

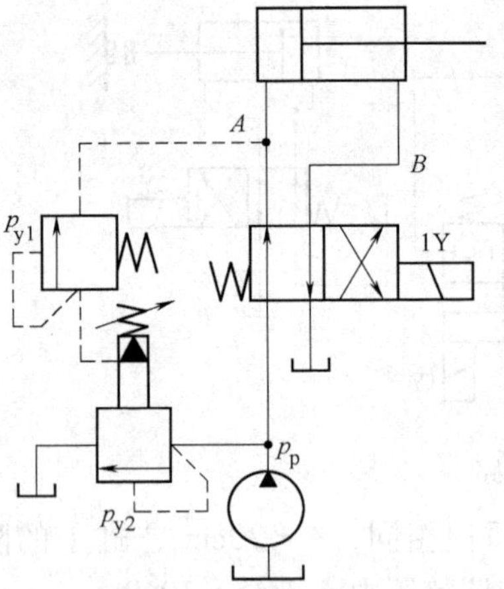

图 16-12　液压系统图

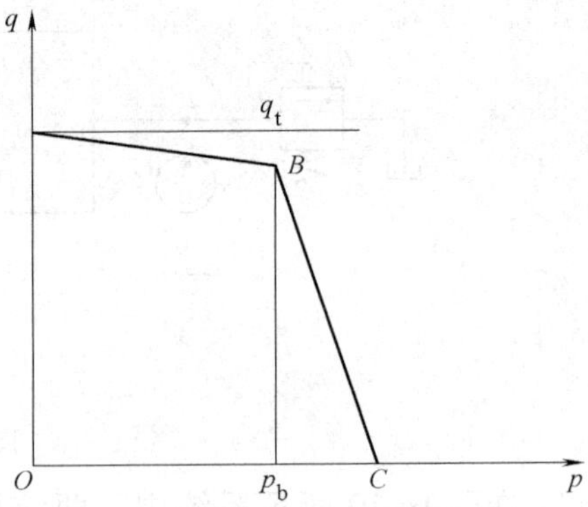

图 16-13　特性曲线

六、问答题

1. 是门元件与非门元件结构相似，是门元件中阀芯底部有一弹簧，非门元件中却没有，说明是门元件中弹簧的作用，去掉该弹簧，是门元件能否正常工作，为什么？

2. 试比较截止式气动逻辑元件和膜片式气动逻辑元件的特点。

3. 使用气动马达和气缸时应注意哪些事项？

4. 如果与液压泵吸油口相通的油箱是完全封闭的，不与大气相通，液压泵能否正常工作？

5. 为什么称单作用叶片泵为非卸荷式叶片泵，称双作用叶片泵为卸荷式叶片泵？

6. 限压式变量叶片泵适用于什么场合？有何优缺点？（流量压力特性曲线见图 16-13）

7. 什么是双联泵？什么是双级泵？

8. 什么是困油现象？外啮合齿轮泵、双作用叶片泵和轴向柱塞泵存在困油现象吗？它们是如何消除困油现象的影响的？

9. 柱塞缸有何特点？

10. 液压缸为什么要密封？哪些部位需要密封？常见的密封方法有哪几种？

11. 液压缸为什么要设缓冲装置？

12. 液压马达和液压泵有哪些相同点和不同点？

13. 液压控制阀有哪些共同点？应具备哪些基本要求？

14. 使用液控单向阀时应注意哪些问题？

15. 选择三位换向阀的中位机能时应考虑哪些问题？

16. 何谓溢流阀的开启压力和调整压力？

17. 使用顺序阀应注意哪些问题？

18. 为什么顺序阀的弹簧腔泄漏油分内泄和外泄两种？可否全部采用外泄？

19. 为什么调速阀能够使执行元件的运动速度稳定？

20. 调速阀和旁通型调速阀（溢流节流阀）有何异同点？

21. 液压系统中为什么要设置背压回路？背压回路与平衡回路有何区别？

22. 如图 16-14 所示为三种不同形式的平衡回路，试从消耗功率、运动平稳性和锁紧作用比较三者在性能上的区别。

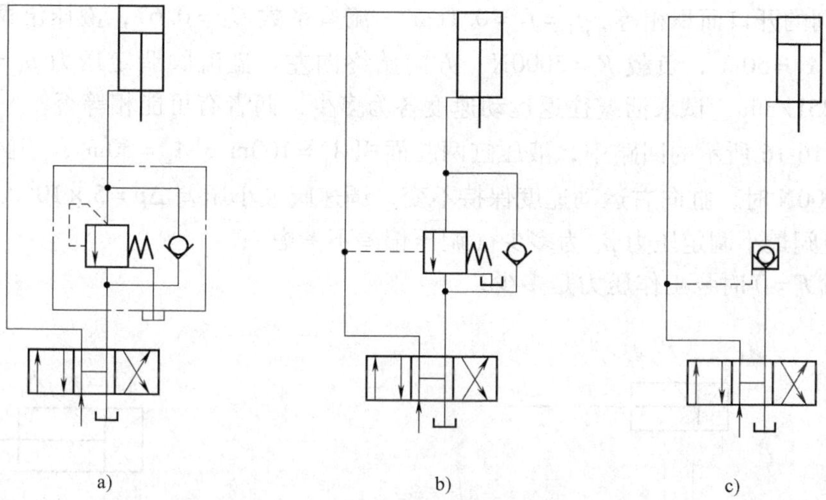

图 16-14　平衡回路

23. 多缸液压系统中，如果要求以相同的位移或相同的速度运动时，应采用什么回路？这种回路通常有几种控制方法？哪种方法同步精度最高？

24. 有一台试制的压力机，选用额定压力 32MPa 的轴向柱塞泵，YF—B32H 型溢流阀。试车时发现达不到设计的吨位，系统压力仅为 8MPa。请帮助查找原因。

七、计算题

1. 有一径向柱塞液压马达，其平均输出扭矩 $T = 24.5\text{N}\cdot\text{m}$，工作压力 $p = 5\text{MPa}$，最小转速 $n_{\min} = 2\text{r/min}$，最大转速 $n_{\max} = 300\text{r/min}$，容积效率 $\eta_v = 0.9$，求所需的最小流量和最大

流量为多少？

2. 有一齿轮泵，铭牌上注明额定压力为 10MPa，额定流量为 16L/min，额定转速为 1000r/min，拆开实测齿数 $z=12$，齿宽 $B=26\text{mm}$，齿顶圆直径 $D_e=45\text{mm}$，求：

1）泵在额定工况下的容积效率。

2）在上述情况下，当电机的输出功率为 3.1kW 时，求泵的机械效率 η_m 和总效率 η。

3. 用一定量泵驱动单活塞杆液压缸，已知活塞直径 $D=100\text{mm}$，活塞杆直径 $d=70\text{mm}$，被驱动的负载 $\sum F = 1.2\times10^5\text{N}$。有杆腔回油背压为 0.5MPa，设缸的容积效率 $\eta_v=0.99$，机械效率 $\eta_m=0.98$，液压泵的总效率 $\eta=0.9$。求：

1）使活塞运动速度为 100mm/s 的液压泵流量。

2）电动机的输出功率。

4. 有一液压泵，当负载压力为 $p=80\times10^5\text{Pa}$，输出流量为 96L/min，而负载压力为 $100\times10^5\text{Pa}$ 时，输出流量为 94L/min。用此泵带动一排量 $V=80\text{cm}^3/\text{r}$ 的液压马达，当负载扭矩为 120N·m 时，液压马达机械效率为 0.94，其转速为 1100r/min。求此时液压马达的容积效率。

5. 增压缸大腔直径 $D=90\text{mm}$，小腔直径 $d=40\text{mm}$，进口压力为 $p_1=63\times10^5\text{Pa}$，流量为 $p_1=0.001\text{m}^3/\text{s}$，不计摩擦和泄漏，求出口压力 p_2 和流量 q_2 各为多少？

6. 如图 16-15 所示的回路采用进油路与回油路同时节流调速。采用的节流阀为薄壁小孔型，两节流阀的开口面积相等，$f_1=f_2=0.1\text{cm}^2$，流量系数 $C_d=0.67$，液压缸两腔有效面积 $A_1=100\text{m}^2$，$A_2=50\text{m}^2$，负载 $F=5000\text{N}$，方向始终向左。溢流阀调定压力 $p_y=20\times10^5\text{Pa}$，泵流量 $q_p=25\text{L/min}$。试求活塞往返运动速度各为多少，两者有可能相等否？

7. 在图 16-16 所示的回路中，液压缸两腔面积 $A_1=100\text{m}^2$，$A_2=50\text{m}^2$，当缸的负载 F 从 0 变化到 30000N 时，缸向右运动速度保持不变，调速阀最小压差 $\Delta p=5\times10^5\text{Pa}$，试求：

1）溢流阀最小调定压力 p_y 为多少（调压偏差不考虑）；

2）负载 $F=0$ 时泵工作压力是多少；

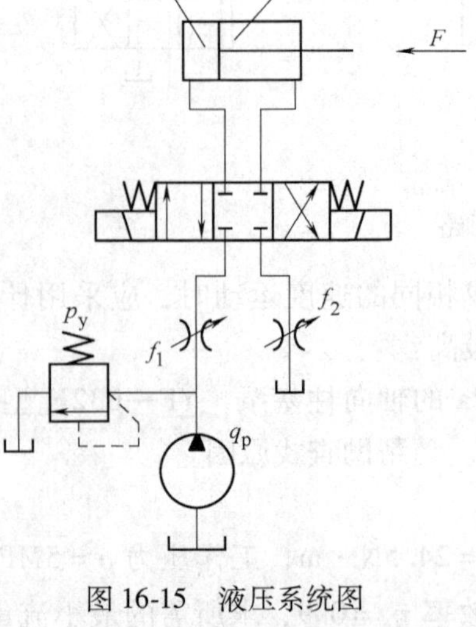

图 16-15　液压系统图

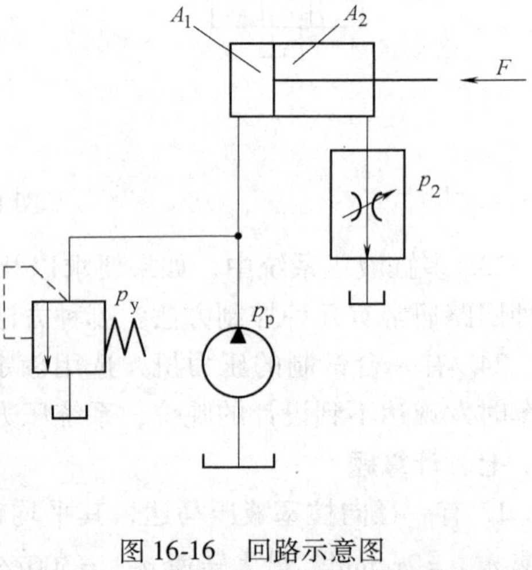

图 16-16　回路示意图

3）缸可能达到的最高工作压力是多少？

8. 将二个减压阀串联成如图 16-17 所示系统。取 $p_y = 45 \times 10^5$Pa，$p_{j1} = 35 \times 10^5$Pa，$p_{j2} = 20 \times 10^5$Pa，活塞运动时，负载 $F = 1200$N，活塞面积 $A = 15\text{cm}^2$，减压阀全开时的局部损失及管路损失不计。试确定：

1）活塞在运动时和到达终端位置，A，B，C 各点处的压力等于多少？

2）若负载阻力增加到 $F = 4200$N，所有阀的调整值仍为原来数值，这时 A，B，C 各点的压力为多少？

9. 如图 16-18 所示的系统中，缸Ⅰ为进给缸，活塞面积 $A_1 = 100\text{m}^2$，缸Ⅱ为辅助装置缸，活塞面积 $A_2 = 50\text{m}^2$。溢流阀调整压力 $p_y = 40 \times 10^5$Pa，顺序阀调整压力 $p_x = 30 \times 10^5$Pa，减压阀调整压力 $p_j = 15 \times 10^5$Pa，管道损失不计，试确定：

1）辅助缸Ⅱ工作时可能产生的最大推力为多少？

2）进给缸Ⅰ要获得稳定的运动速度且不受辅助缸负载的影响，缸Ⅰ允许的最大推力 R_1 应为多少？

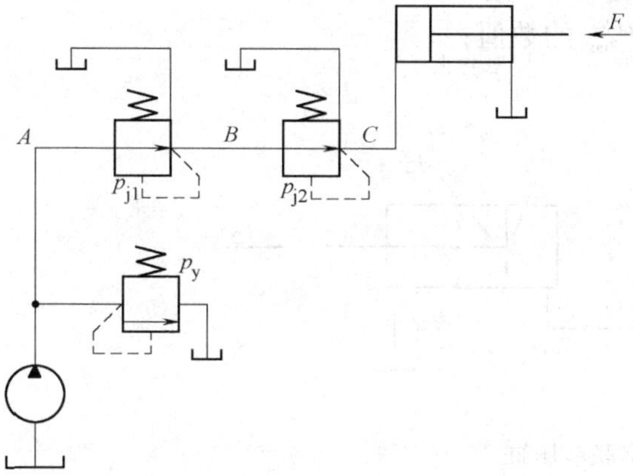

图 16-17　串联示意图

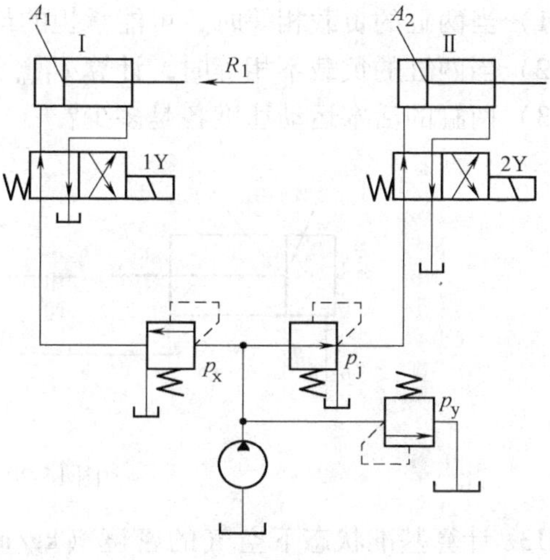

图 16-18　液压系统图

10. 液压泵和液压马达组成系统，已知液压泵输出压力 $p_p = 100 \times 10^5$Pa，排量 $V_p = 10\text{m}^3/\text{r}$，机械效率 $\eta_{mp} = 0.95$，容积效率 $\eta_{vp} = 0.9$；液压马达排量 $V_M = 10\text{m}^3/\text{r}$，机械效率 $\eta_{mM} = 0.95$，容积效率 $\eta_{vm} = 0.9$，液压泵出口处到液压马达入口处管路的压力损失为 5×10^5Pa，泄漏量不计，马达回油管和泵吸油管的压力损失不计，试求：转速为 1500r/min 时，1）液压泵所需的驱动功率 p_{rp}；2）液压泵输出的液压功率 p_{op}；3）液压马达输出转速 n_M；4）液压马达输出功率 P_M；5）液压马达输出转矩 T_M。

11. 如图 16-19 所示液压回路，已知溢流阀的调定压力为 $p_y = 50 \times 10^5$Pa，顺序阀的调定压力为 $p_x = 30 \times 10^5$Pa，液压缸 1 的有效面积 $A = 50\text{m}^2$，负载 $F = 10000$N。当两换向阀处于图示位置时，试求活塞 1 运动时和活塞 1 运动到终端后，A、B 两处的压力各为多少？又当负载 $F = 20000$N 时，A、B 两处的压力各为多少？（管路压力损失不计）

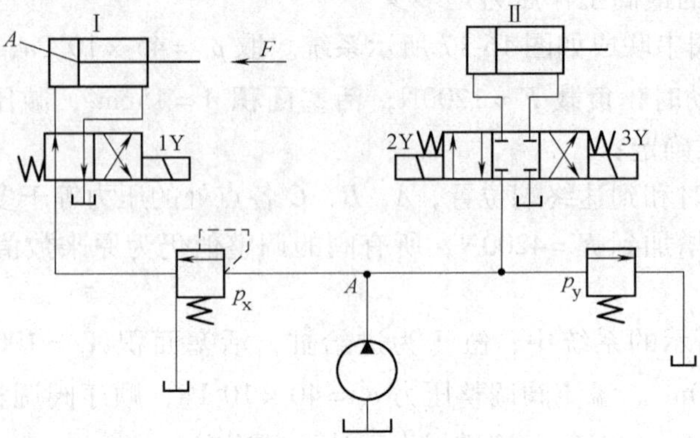

图 16-19　液压回路

12. 如图 16-20 所示，两个相同的液压缸串联起来，两缸的无杆腔和有杆腔的有效工作面积分别为 $A_1=100\text{m}^2$，$A_2=80\text{m}^2$，输入的压力 $p_1=18\times10^5\text{Pa}$，输入的流量 $q=16\text{L/min}$，所有损失均不考虑，试求：

1）当两缸的负载相等时，可能承担的最大负载 F_{max} 为多少；

2）当两缸的负载不相等时，计算 F_{1max} 和 F_{2max} 的数值；

3）两缸的活塞运动速度各是多少？

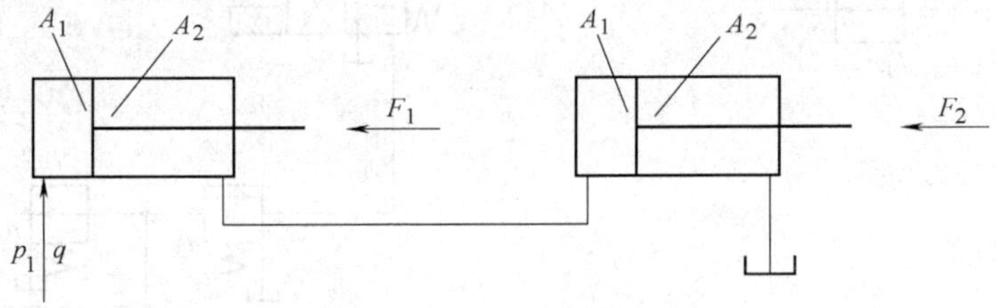

图 16-20　串联液压缸

13. 计算基准状态下空气的密度（kg/m^3）。（气体常数 $R=287\text{J/(kg}\cdot\text{K)}$。压力为 $1.01325\times10^5\text{Pa}$）。

14. $p_0=6\times10^5\text{Pa}$，$T_0=20℃$，阀的最小截面积 $A=50\times10^{-5}\text{m}^2$，问容积为 $V=0.01\text{m}^3$ 的容器，从初始压力 $P_H=1\times10^5\text{Pa}$（绝对压力）充到 P_0 所需的时间。

15. 单作用气缸内径 $D=0.125\text{m}$，工作压力 $p=0.5\text{MPa}$，气缸负载率 $\eta=0.5$，复位弹簧刚度 $k=2000\text{N/m}$，弹簧预压缩量为 50mm，活塞的行程 $s=0.15\text{m}$，求此缸的有效推力。

16. 单杆作用气缸内径 $D=0.125\text{m}$，活塞杆直径为 $d=32\text{mm}$，工作压力 $p=0.45\text{MPa}$，气缸负载率 $\eta=0.5$，求气缸的推力和拉力。如果此气缸内径 $D=80\text{mm}$，活塞杆径 $d=25\text{mm}$，工作压力 $p=0.4\text{MPa}$，负载率不变，其活塞杆的推力和拉力各为多少？

17. 当气源及室温均为 15℃时，将压力为 0.7MPa（绝对）的压缩空气通过有效截面积 $S=30\text{mm}^2$ 的阀口，充入容积 $V=85\text{L}$ 的气罐中，压力从 0.02MPa 上升到 0.6MPa 时，充气时间及气罐的温度为多少？当温度降至室温后罐内压力为多少？如从大气压开始充气的情况又将如何？

八、绘制回路

1. 绘出双泵供油回路，液压缸快进时双泵人供油，工进时小泵供油、大泵卸载，请标明回路中各元件的名称。

2. 试用一个先导型溢流阀、两个远程调压阀组成一个三级调压且能卸载的多级调压回路，绘出回路图并简述工作原理。（换向阀任选）

3. 试用四个插装式换向阀单元组成一个三位四通且中位分别为 O 型、H 型机能的换向回路，绘出回路图并简述工作原理。

4. 试用插装式压力阀单元和远程调压阀、电磁阀组成一个调压卸载的调压回路，绘出回路图并简述工作原理。

5. 试用两个单向顺序阀实现“缸 1 前进→缸 2 前进→缸 1 退回→缸 2 退回”的顺序动作回路，绘出回路图并说明两个顺序阀的压力如何调节。

6. 试用压力继电器实现“缸 1 前进→缸 2 前进→缸 2 退回→缸 1 退回”的顺序动作回路，绘出回路图并说明工作原理。

7. 试用液控单向阀实现立式液压缸的保压回路，绘出回路图并说明保压原理。

8. 绘出汽车起重机液压支腿的锁紧回路，并说明该回路对换向阀中位机能的要求。

9. 试绘出气控回路图，要求气缸缸体左右换向，可在任意位置停止，并使其左右运动速度不等。

10. 试设计一个可使双作用气缸快速返回的控制回路。要求用下列气阀：一个单电控二位五通阀，一个单向节流阀，一个快速排气阀。

11. 某工厂生产自动线上要控制温度、压力、浓度三个参数，任意一个或一个以上达到上限，生产过程将发生事故，此时应自动报警，设计此气控回路，要求画出逻辑原理图。

12. 设计一个气动逻辑回路控制一个单作用缸，要求被控单作用气缸实现如下逻辑功能：$s = ab + ab$，其中 a、b 为两个输入信号。

参考文献

［1］左健民．液压与气压传动［M］．4版．北京：机械工业出版社，2007.

［2］左健民．液压与气动技术［M］．3版．北京：机械工业出版社，2006.

［3］左健民．液压传动学习指导［M］．南京：河海大学出版社，1990.

［4］王积伟，等．液压与气压传动［M］．2版．北京：机械工业出版社，2005.

［5］路甬祥．液压气动技术手册［M］．北京：机械工业出版社，2002.

［6］李壮云．中国机械设计大典：第5卷［M］．南昌：江西科学技术出版社，2002.

［7］王积伟．液压与气压传动习题集［M］．北京：机械工业出版社，2006.

［8］陈尧明，许福玲．液压与气压传动学习指导与习题集［M］．北京：机械工业出版社，2005.

［9］苏杭，等．液压与气压传动学习及实验指导［M］．北京：机械工业出版社，2007.

［10］Lambeck R P. Hydraulic pump and motors：Selection and application for hydraulic power control system［M］. New York：Marcel Dekker Inc，1983.

信息反馈表

尊敬的老师：

您好！感谢您多年来对机械工业出版社的支持和厚爱！为了进一步提高我社教材的出版质量，更好地为我国高等教育发展服务，欢迎您对我社的教材多提宝贵意见和建议。另外，如果您在教学中选用了《液压与气压传动学习指导与例题集》（左健民编著），欢迎您提出修改建议和意见。

一、基本信息

姓名：__________ 性别：______ 职称：________ 职务：____________________

邮编：__________ 地址：____

任教课程：________________ 电话_____—____________（H）____________（O）

电子邮件：______________________________________ 手机：________________

二、您对本书的建议和意见

（欢迎您指出本书的疏误之处）

三、您的希望

（1）选择一本书的理由：①内在质量______；②出版社______；③价格______

（2）您想要的书，买不到____

（3）您想出版一本书____

（4）____

（5）____

请与我们联系：

100037　机械工业出版社·高教分社　邓编辑 收

Tel：010—8837 9711

E-mail：happyDHP@ sohu. com

http：//www. CmpEdu. com

http：//www. CmpBook. com